中国生态保护修复支出核算研究
（1953—2017）

Research on the Accounting of Ecological Protection and Restoration Expenditures in China

（1953—2017）

牟雪洁 饶 胜 王夏晖 张 箫 等 / 著

中国环境出版集团·北京

图书在版编目（CIP）数据

中国生态保护修复支出核算研究：1953—2017/牟雪洁
等著. —北京：中国环境出版集团，2022.7
ISBN 978-7-5111-4991-6

Ⅰ．①中… Ⅱ．①牟… Ⅲ．①生态环境保护—财政
支出—经济核算—研究—中国—1953-2017 Ⅳ．①X321.2

中国版本图书馆 CIP 数据核字（2021）第 265793 号

出 版 人	武德凯	
策划编辑	王素娟	
责任编辑	雷 杨	
责任校对	薄军霞	
封面设计	宋 瑞	

出版发行　中国环境出版集团
　　　　　（100062　北京市东城区广渠门内大街 16 号）
　　　　　网　　　址：http://www.cesp.com.cn
　　　　　电子邮箱：bjgl@cesp.com.cn
　　　　　联系电话：010-67112765（编辑管理部）
　　　　　发行热线：010-67125803，010-67113405（传真）
印　　刷　北京中科印刷有限公司
经　　销　各地新华书店
版　　次　2022 年 7 月第 1 版
印　　次　2022 年 7 月第 1 次印刷
开　　本　787×1092　1/16
印　　张　14.25
字　　数　300 千字
定　　价　78.00 元

中国环境出版集团郑重承诺：
中国环境出版集团合作的印刷单位、材料单位均具有中国环境标志产品认证。

编 委 会

序　言

　　党中央、国务院高度重视生态保护修复工作，从中华人民共和国成立初期的林业生态建设到 20 世纪 90 年代起陆续启动实施的京津风沙源治理、天然林资源保护、退耕还林还草、退牧还草、全国湿地保护、水土保持等一系列重大生态工程，以及近年来大力推进实施的三批山水林田湖草生态保护修复工程试点，一系列生态保护修复政策和资金投入力度巨大，并已取得了积极成效。长期充足而稳定的支出是有效推进生态保护修复工作的重要物质保障，而科学核算我国生态保护修复的支出情况，识别当前支出仍存在的问题与不足，将为未来国家统筹谋划、科学制定生态保护修复领域的支出规模、方向、空间布局，以及不断加强全国生态保护修复监督工作提供重要数据基础和决策依据。

　　近年来，生态环境部环境规划院生态保护修复规划研究所持续开展了我国生态保护修复支出核算研究工作，初步构建了账户基本框架并开展了账户核算与优化完善工作。本书在前期研究的基础上，系统开展了 1953—2017 年全国及各地区生态保护修复支出核算工作，分别从时间维度、空间维度、支出类型维度等不同维度分析了近 70 年我国生态保护修复支出的总体变化特征，同时与国际主要发达国家的支出情况进行了对比，在此基础上提出相应的对策建议，形成《中国生态保护修复支出核算研究（1953—2017)》一书，以期为未来国家生态保护修复相关工作提供决策参考。

全书共 7 章，由饶胜、王夏晖拟定主要框架，牟雪洁负责统稿，其中第 1 章由张箫、柴慧霞、徐顺青撰写；第 2 章由饶胜、牟雪洁、朱振肖、黄金撰写；第 3 章由牟雪洁、饶胜、周景博撰写；第 4 章由牟雪洁、张箫、于洋撰写；第 5 章由朱振肖、于洋、柴慧霞撰写；第 6 章由牟雪洁、黄金、朱振肖撰写；第 7 章由柴慧霞、徐顺青、张箫撰写。

本书撰写过程中得到生态环境部环境规划院陆军书记、王金南院长、何军副院长、曹东研究员等人的大力支持与指导，在此表示衷心的感谢！

我们深知自身研究能力有限，尚不足以发现和解决生态保护修复支出存在的各方面问题，且受统计数据资料有限的影响，书中的一些研究结论也可能存在一些偏差，希望各位同仁和读者不吝赐教。

牟雪洁

2022 年 6 月

执行摘要

　　生态保护修复支出核算是环境经济核算的重要内容之一，现已成为国际趋势，但很长一段时间以来，我国仍未将其纳入环境保护投资的统计范畴。国务院机构改革后，生态环境部承担"指导协调和监督生态保护修复工作"的重要职责。科学核算我国生态保护修复支出情况，明确当前支出现状与存在的问题，科学谋划未来生态保护修复的支出规模、方向与空间布局，对推动建立生态保护修复支出长效机制具有重要意义。

　　本书基于已构建的生态保护修复支出账户框架，系统收集整理了1953—2017年全国及各地区生态保护修复支出数据，从时间维度、空间维度、支出类型维度等分析全国及各地区支出变化情况，包括全国及各地区生态保护修复支出总量、支出结构、地区差异分析，以及分类型的支出总量和地区差异分析；同时与欧盟、加拿大、美国、德国、日本、澳大利亚等国际组织及主要发达国家支出情况进行对比分析，在此基础上分别从核算工作层面和提高生态保护修复支出层面提出相应的对策建议。主要结论如下。

　　（1）中华人民共和国成立以来，全国生态保护修复支出总量不断增长，尤其在1996—2000年、2001—2005年两个时期累计支出增加较快，分别约是上一时期的6倍、5倍；2017年支出总量为9 571.5亿元，是1953年的近28万倍，累计支出70 666.0亿元。支出类型不断丰富，由最初的森林、自然保护地两类支出增加到2017年的十二类支出。西部、东部地区累计支出最高，其次是中部地区，东北地区最低。

　　（2）1987—2017年我国各地区支出变化趋势总体较为一致。1996—2000年、2001—2005年、2006—2010年三个时期均是累计支出快速增长期，不同时期支出结构均经历了从森林支出为主到森林和城镇两类支出为主，再到森林、城镇、水土保持及生态三类支出为主的转变过程。支出占GDP比重均经历两次快速增长期，有约一半时间支出增速大于 GDP 增速。东北、中部地区各省支出更加均衡，西部、东部地区各省（区、市）支出差异性较大。

（3）各类型支出总体上均呈增加趋势，且森林、自然保护地支出增长较快。森林、湿地、农田、荒漠、重点生态功能区、自然保护地、重点生态保护修复专项等类型支出以西部地区为主；城镇、海洋等类型支出以东部地区为主；矿山环境恢复治理支出以东部、中部、西部为主；水土保持支出则以东部、西部为主。

（4）国际对比表明，当前我国生态保护修复支出的领域和类型更加丰富，全口径支出总量也远高于世界主要发达国家。从核算口径一致性的角度来看，我国自然保护地支出总量已与世界主要发达国家水平相当，但人均支出占 GDP 的比例还相对较低。

通过核算表明，目前生态保护修复支出仍存在以下问题，从核算工作角度来看，当前国家尚未建立生态保护修复支出的统一核算体系，现有统计数据分散、口径偏窄、存在交叉重叠；生态保护修复支出远低于保护修复需求，且没有较好地体现"责任者"的原则；生态保护修复支出仍缺乏长效保障机制，受国家政策驱动影响明显。为解决上述问题，提出以下四个方面建议：一是建立统一的生态环境保护支出核算体系；二是建立健全生态保护修复支出长效保障机制；三是探索建立生态保护修复支出绩效管理机制；四是加强生产建设项目的生态保护监管。

Executive Summary

Ecological protection and restoration expenditure accounting is one of the important contents of environmental economic accounting. It has become an international trend, but for a long time, it was not included in the statistical scope of environmental protection investment in China. After the institutional reform of the State Council, the Ministry of Ecology and Environment has assumed the important responsibility of "instructing, coordinating and supervising ecological protection and restoration". Scientific accounting of ecological protection and restoration expenditures, and clarification of current expenditure status and problems are of great significance for scientifically planning the scale, direction and spatial layout of future ecological protection and restoration expenditures, promoting the establishment of a long-term ecological protection and restoration expenditure mechanism.

Based on the established ecological protection and restoration expenditure account framework, the national and regional ecological protection and restoration expenditure data from 1953 to 2017 were systematically collected and sorted out, and the changes in national and regional expenditures from the time, space and expenditure type dimensions were analyzed, including the national and regional ecological protection and restoration total expenditure, expenditure structure, regional differences, as well as total expenditures and regional differences by type. Meanwhile, comparative analysis of the expenditures was carried out with the European Union, Canada, the United States, Germany, Japan, Australia. Finally, corresponding countermeasures and suggestions were proposed from the accounting and the increasing in ecological protection and restoration expenditures. The main conclusions are as follows:

（1）Since the founding of the People's Republic of China, the total expenditure on ecological protection and restoration has been increasing, especially during the Ninth Five-Year Plan and Tenth Five-Year Plan period, the cumulative expenditure have increased rapidly, which were about 6 times and 5 times that of the previous period respectively. The total expenditure in 2017 was 957.15 billion yuan, nearly 280,000 times that of 1953, and the total expenditure was 706.66 billion yuan. The types of expenditures have gradually increased, from the initial two types, which were forests and nature reserves, increasing to the 12 types in 2017. The western and eastern regions have highest cumulative expenditures, followed by the central region, and the northeast region the lowest.

（2）From 1987 to 2017, the trend of expenditure changes in various regions in China was generally consistent. Cumulative expenditures have been increased rapidly during the Ninth Five-Year Plan, Tenth Five-Year Plan and the Eleventh Five-Year Plan periods. The expenditure structure in different periods has changed from mostly forest expenditure to mainly forest and urban expenditures, and then to mainly forest, urban, soil and water conservation expenditures. The proportion of expenditures in GDP has experienced two periods of rapid growth, and the growth rate of expenditure exceeds that of GDP in most years. The expenditure differences between the provinces in the northeast and central regions were smaller, while the differences of provinces in the western and eastern regions were bigger.

（3）All types of expenditures have shown an increasing trend, and expenditures on forests and nature reserves have increased rapidly. Expenditures on forests, wetlands, farmlands, deserts, key ecological function areas, natural reserves, and key ecological protection and restoration projects were mainly in the western region; expenditures on urban and marine types were mainly in the eastern region; expenditure on environmental restoration and management of mines were mainly in the eastern, central and western regions; expenditure on water and soil conservation were mainly in the eastern and western regions.

（4）International comparison shows that, current ecological protection and restoration expenditures in China were more diverse in fields and types, and the total expenditure was much higher than that of the major developed countries in the world from full caliber. From the perspective of consistency of accounting caliber, the total expenditure on nature reserves in China was similar to major developed countries in the world, but the per capita expenditure and the proportion of expenditure in GDP were still relatively low.

It shows that the current ecological protection and restoration expenditures still have several problems: from the perspective of accounting, a unified accounting system for ecological protection and restoration expenditures has not yet been established, and the existing statistical data is scattered and overlapping, caliber is narrow; ecological protection and restoration expenditure was much lower than the protection and restoration needs, and does not reflect the principle of "who destroys who repairs"; ecological protection and restoration expenditure still lacks long-term mechanism and is obviously influenced by the national policy. In order to solve the above problems, some suggestions were put forward: one is to establish a unified ecological environmental protection expenditure accounting system; the other is to establish and improve a long-term mechanism for ecological protection and restoration expenditure; the third is to explore the establishment of a performance management mechanism for ecological protection and restoration expenditure; the fourth is to strengthen ecological protection supervision of production and construction projects.

目　录

第1章
国内外研究进展

1.1 国际经验

目前，国际上没有专门建立生态保护修复支出账户，与生态保护修复相关的核算内容多在环境保护支出账户或环境账户中列出，如联合国 SEEA 核算体系[1-4]、欧盟SERIEE 核算体系[11]以及加拿大[12-14]、德国[15-17]、英国[18,19]、澳大利亚[20-23]等国家的环境保护支出账户，还有部分国家将其作为国民账户核算的一部分，如日本[27]。

1.1.1 联合国 SEEA 环境保护和资源管理支出账户

联合国环境经济核算体系（SEEA2012）[4]涉及生态保护修复支出内容的账户主要有两个，分别是环境保护支出账户和资源管理支出账户，二者均属于环境活动账户的内容。

环境保护支出账户主要用于计量专项环境保护服务的生产、供应与利用、支出、筹资等信息。该账户定义的环境保护支出涵盖了用于环境保护的所有货物和服务的支出，包括专项环境保护服务支出、环境保护关联产品支出、改良品支出；环境保护货物和服务的用户包括专项环境保护服务生产者、其他生产者、住户、一般政府和非营利住户服务机构（表 1-1）。SEEA 环境保护支出账户中还给出了专项环境保护服务、环境保护关联产品及改良品的定义和具体计量方法。专项环境保护服务是环境保护活动的特色或典型产品，指由经济单位为出售或自用目的生产的专项服务，如废物和废水管理及处理服务；环境保护关联产品指其使用直接服务于环境保护目的，但不属于专项环境保护服务或特色活动支出的产品，如化粪池、化粪池维护服务、垃圾袋、垃圾桶、垃圾容器和堆肥器等；改良品是指为了更有利于环境或更清洁而专门经过改进，使其使用有益于环境保护或资源管理的货物，如脱硫燃料、无汞电池和无氯氟化碳产品。

表 1-1　国家环境保护支出一般框架

按产品划分的支出类型	用户						合计
	行业			住户	一般政府	NPISH	
	专项环境保护服务生产者		其他生产者	—	—	—	—
	专业生产者	非专业和自给性生产者	—	—	—	—	—
专项环境保护服务			—	—	—	—	—
中间消耗	NI	—	—				—
最终消费				—	—	—	—
固定资本形成毛额	NI						—
关联产品				—	—	—	—
中间消耗	NI	—	—				—
最终消费				—	—	—	—
固定资本形成毛额	NI						—
改良品				—	—	—	—
中间消耗	NI	—	—				—
最终消费				—	—	—	—
固定资本形成毛额	NI						—
特色活动的资本形成	—	—	—	—	—	—	—
上述各项以外的环境保护转移	—	—	—	—	—	—	—
进入和来自世界其余单位的环境保护转移（净额）	—	—	—	—	—	—	—
国家环境保护支出总额	—	—	—	—	—	—	—

注：根据定义，深灰色单元格为零。"NPISH"表示"非营利住户服务机构"。"NI"表示"在推算国家环境保护支出总额时没有被包括在内"。

资源管理支出账户是为资源管理目的而记录的账户，它与环境保护支出账户的结构类似，包括专项资源管理服务生产、专项资源管理服务供应和利用、国家资源管理支出及筹资。但该账户实际上尚未得到广泛建立，SEEA 建议编制特定类型资源的资源管理账户。

除此以外，环境活动账户和相关流量部分还涵盖了与环境有关的其他交易核算，包括环境税、环境补贴和类似转移等，以及一系列与环境有关的其他偿付和交易。

总体而言，联合国 SEEA 中的环境保护支出账户和资源管理支出账户提供了环境保护与资源管理核算的基本概念框架，实际上也包含了生态保护修复支出的核算内容。其中，环境保护支出账户中，包含了预防、减少、处理自然资源耗减以及保护生物多样性和景观的内容；资源管理支出账户中，包含了矿产和能源资源、水资源、生物资源等内容（表 1-2）。

表 1-2 SEEA 环境活动分类

大类	小类
一、环境保护	1. 保护周围空气和气候
	2. 废水管理
	3. 废物管理
	4. 保护和补救土壤、地下水和地表水
	5. 减小噪声和震动（不包括工作场所保护措施）
	6. 保护生物多样性和景观
	7. 辐射防护（不包括外部安全）
	8. 环境保护研发
	9. 其他环境保护活动
二、资源管理	10. 矿产和能源资源管理
	11. 木材资源管理
	12. 水生资源管理
	13. 其他生物资源管理（不包括木材和水生资源）
	14. 水资源管理
	15. 资源管理研发活动
	16. 其他资源管理活动

1.1.2 欧盟 SERIEE 环境保护支出账户

1994 年，欧盟统计局发布了欧洲环境经济信息收集体系（European System for the collection of economic information on the environment，SERIEE）[11]，其中设立了环境保护支出账户（EPEA），其主要目的是建立描述环保活动价值的概念性框架[28]。在 SERIEE 及 EPEA 的核算框架下，欧盟建立了《环境保护活动和支出分类（CEPA2000）》（以下简称 CEPA2000 分类标准），并成为当前开发应用程度最高的环境保护活动分类标准。

按照环境保护对象，CEPA2000 分类标准将环境保护活动分为九大类：保护环境空气和气候；废水处理；固体废物处理；土壤、地下水和地表水的保护和恢复；减少噪声和震动；生物多样性和自然景观保护；放射性污染物处理；环境保护科学研究与试验发展（R&D）支出；其他环境保护活动（包括能力建设、教育、培训等）。其中，涉及生态保护修复支出的内容主要是生物多样性和景观保护，具体又可细分为物种和栖息地的保护和恢复、自然景观和半自然景观的保护、计量控制和实验室以及其他。

按照环境保护支出的主体，分为工业部门、公共部门、环境保护服务专业生产商、住户等。按照环境保护支出性质，CEPA2000 确定的环境保护支出包含经常性支出和资本性支出。按照支出的性质，经常性环境保护支出可划分为"内部经常性支出"和"外部经常性支出"。前者指环境保护活动的内部运营支出，如运行污染控制设备人员和环境管理人员的工资薪金、用于环境保护目的的原材料和消费品支出、环境设备的租赁费用等；后者指为了获得能控制企业运营活动环境影响的环境保护服务而支付给外部单位的所有费用、税金及类似款项，如购买污水处理服务的支出，向环境部门的常规交费等。按照环境保护活动的性质，资本性环境保护支出可分为末端治理支出和综合（清洁）技术支出。前者指为了收集和处理已产生的污染、监测污染水平而在生产技术、工艺或设备等方面发生的投资支出，后者指为了从源头上预防或减少污染量，从而减少污染物排放对环境的影响而购买设备或改进现有的技术、工艺、设备（及其中的某部分）而发生的投资支出。

综上所述，欧盟环境保护支出账户中涉及生态保护修复支出的内容主要是生物多样性和景观保护。

1.1.3　世界各国环境保护支出账户

基于联合国 SEEA 框架和欧盟 SERIEE 框架，欧美等主要发达国家也建立了本国的环境保护支出账户。

1.1.3.1　加拿大的环境保护支出账户

加拿大从 20 世纪 90 年代中期开始研究编制环境保护支出账户，并作为其资源环境核算体系（CSERA）[12] 的一部分。这些账户确定了企业、政府和家庭用于环境保护方面的经常支出和资本性支出，从需求学的角度测算了他们在环境保护方面的经济负担以及环境保护对经济活动的贡献度[29]。

环境保护支出账户数据是通过各种不同的调查而来，如环境保护支出调查（Environmental Protection Expenditure Survey）、资本及维修支出调查（Capital and Repairs Expenditure Survey）、地方政府经常性收支调查（Local Government-Current Revenue and Expenditure Survey）、地方政府资本性支出调查（Local Government-Capital Expenditure Survey）、家庭支出调查（Family Expenditure Survey）等。环境保护支出账户核算类型采取以目的为准则的分类方法，按环境保护领域划分，核算大类主要包括污染治理和控制、野生动物及其栖息地保护、环境监控与评估、环境费、其他环保支出等；核算账户主体可分为企业、政府和住户[30]，其中涉及生态保护的主要是野生动物及其栖息地保护。

从最初的不同支出主体账户核算调查表来看，政府账户中涉及有关生态保护修复支出的内容为自然资源的保护与发展支出、公园支出。自然资源的保护与发展支出主要包括：①农业支出，即研究与开展土壤保持与保护、农场补贴及排水系统等的支出；②渔业及狩猎支出，即研究与管理渔业及野生动物等支出，包括水产养殖及野生动物栖息地保护等的支出；③林业支出，即研究防治害虫与火灾及造林等的支出；④矿业、石油及天然气，如研究、开发及保护支出；⑤其他，即与管理有关的支出，如节能、对保护各项自然资源的补贴等。公园支出主要包括国家、省及市立公园为保护野生动物栖息地相关设备维护支出，如公园的建造与发展、设计与实施、观光服务等的支出[29]。企业账户中包含有关生态保护修复支出的内容为野生动物和栖息地保护。住户账户中不涉及生态保护支出的内容。

根据加拿大统计局最新公布的环境保护支出数据[13,14]来看，政府环境保护支出中涉及生态保护修复的主要是生物多样性和景观保护，企业环境保护支出主要涉及野生动物与栖息地保护，每两年更新一次数据。

1.1.3.2　德国 GEEA 的环境保护支出账户和环境税

德国联邦统计局从 20 世纪 80 年代开始进行环境经济核算工作，最初建立了环境保护支出核算和能源核算，后经过不断增加和扩展，基本形成了完整的环境经济核算体系。其中，涉及环境保护的内容主要是环境保护支出和环境税两个部分。

环境保护支出核算主要是反映德国为降低或避免环境退化做出的保护措施和投资费用，但不包括环境质量和自然资源管理支出方面的核算[15]。德国联邦统计局已先后发布 1996—2010 年[16]和 2010—2016 年[17]账户核算结果。根据 2019 年发布的最新核算结果[17]，环境保护支出核算的类型包括废水管理、废物管理、消除环境污染、保护生物多样性和景观、研究和开发、其他环境保护活动等；环境保护支出核算的主体包括政府、行业和专门从事环境保护服务的私人企业。环境税费核算内容包括矿物油和能源税、机动车税、电力税、排放许可、核燃料税收、航空运输税。

1.1.3.3 英国环境账户

英国环境账户是根据联合国 SEEA 框架编制的，它是国民经济账户的卫星账户。该账户主要包括三个部分：自然资源账户；物质流账户；货币账户。其中，自然资源账户主要核算石油和天然气储量资源；物质流账户主要核算化石燃料和能源消费、大气排放、物质流等；货币账户主要核算环境税、环境保护支出。

根据《英国环境账户 2019》（*UK Environmental Accounts*，2019）[18]，环境保护支出按支出主体分为政府账户和企业账户，按环境保护领域分为固体废物管理、废水管理、保护环境空气和气候、保护生物多样性和景观、研究与开发、教育与管理、其他。但仅在政府环境保护支出表[19]中列出了生物多样性和景观保护支出，在企业支出账户数据中未单列。

综上所述，英国环境账户中涉及生态保护修复的内容主要是生物多样性和景观保护。

1.1.3.4 澳大利亚的环境保护支出账户

澳大利亚自 20 世纪 90 年代起就开始探索建立环境保护支出账户，并经过了不断的探索和深化。澳大利亚统计局（ABS）从 1990 年开始收集环境保护支出的统计数据，建立环境保护支出账户（EPEA），以满足国家和国际社会对更好的经济环境信息的要求[29]。这一阶段建立的环境保护支出账户主要依据经合组织（OECD）的污染处理和控制框架（Pollution Abatement and Control Framework，PAC）进行核算，将资本性和经常性支出按行业和公共部门分类，共核算了 1992—1993 财年、1993—1994 财年、1994—1995 财年、1995—1996 财年的环境保护支出情况[20]。

1999 年，澳大利亚统计局根据欧盟 SERIEE 框架的环境保护活动分类，主要选取并修改核心环境保护活动类型，重新建立了本国的环境保护支出核算框架，并重新核算 1995—1996 财年和 1996—1997 财年的环境保护支出情况，结果发布在《澳大利亚环境保护支出（1995—1996 年度与 1996—1997 年度）》[21]。这一阶段的环境保护支出核算领域分为废物管理、废水和水资源保护、周围空气和气候保护、生物多样性和景观保护、土壤和地下水保护、其他环境保护活动六类。其中，涉及生态保护的内容为生物多样性和景观保护。需要说明的是，由于核算框架不同，这两次核算结果不具有可比性。1996—1997 财年，澳大利亚保护景观和生物多样性的支出（15 亿美元）占总支出的 18%。

2002 年，澳大利亚统计局对采矿和制造业的环境保护支出进行了核算[21]，主要包括环境保护支出、环境保护活动收入等财务信息。按支出性质分为经常性和资本性支出；按支出保护领域分为固体废物管理、液体废物管理、气体排放管理、矿区恢复（采矿企业适用）、其他环境管理活动（土壤资源保护、生物多样性和栖息地保护、减少噪声和振动）。但未单独列出生物多样性和栖息地保护的支出数据。

2004 年，澳大利亚统计局对地方政府 2002—2003 年环境支出进行了核算[22]，包括环境保护、自然资源管理、政府转移等部分内容。其中，环境保护主要包括固体废物、废水、生物多样性、土壤、文化遗产、其他等领域，按收入支出类型分为税收、经常性支出、资本性支出三类。自然资源管理主要包括土地管理、水供给、其他等领域，按收入支出类型也分为税收、经常性支出、资本性支出。

2014 年 8 月，澳大利亚统计局发布《讨论文章：面向环境支出账户，澳大利亚》（Discussion Paper：Towards an Environmental Expenditure Account，Australia）[23]，重新对本国的环境支出账户进行了核算，主要统计数据包括国家环境保护、自然资源管理服务的供给与使用、生产、支出及支出筹资五项，其中在国家环境保护与自然资源管理服务支出数据表中，仅列出了 2009—2010 财年、2010—2011 财年的环境保护与自然资源管理总支出及不同支出主体的支出情况，未按保护领域进行细分，无法获取当年的生物多样性保护支出情况。

此外，近年来澳大利亚基于 SEEA 中心框架持续开展了一系列环境经济核算相关研究和实践工作[31-33]，于 2014 年正式发布首期环境经济账户 AEEA（Australian Environmental-Economic Accounts）核算结果[33]，随后每年定期发布。在澳大利亚环境经济核算账户（AEEA）建立的过程中，也曾讨论到环境保护支出账户的设置问题，并给出了环境保护支出账户样表[31]，但从 2019 年最新发布的环境经济账户核算报告[34]来看，主要包括环境资产、水、能源、直接温室气体排放、环境税等内容，未涉及环境保护支出。

澳大利亚自 20 世纪 90 年代就分别探索核算了国家、地方政府、采矿和制造业等主体的环境保护支出，涉及生态保护的内容主要是生物多样性和景观保护；澳大利亚的环境经济账户核算明确与环境保护支出核算分开，仅涉及环境税。但是从澳大利亚目前已开展的核算工作来看，其环境保护支出账户核算仍处于不断探索和完善过程，20 世纪 90 年代至 21 世纪初不同阶段的核算数据结果不连续且缺乏可比性，直至 2014 年发布最新环境支出账户数据[23]，但仍标记为试验数据。

1.1.3.5 日本的环境保护支出核算

日本 20 世纪 90 年代末开始尝试建立环境保护支出账户，并开展了两次试算工作，但试算结果中未涉及生态保护修复内容。日本国民账户中的政府最终消费支出表中包括了环境保护支出数据，涉及生态保护修复的主要内容是生物多样性和景观保护。

（1）环境保护支出账户

1999 年，日本第一次开展了环境保护支出账户核算工作，并作为 SEEA 核算结果的一部分同时发布。2000 年，国民经济核算进行"第二次环境保护支出账户和废物账户"的试验估算[35]，主要采用 1990 年、1995 年数据，对第一次核算结果进行了修正。环境保护支出账户核算按照环境保护产品主要包括特色服务（如政府和企业的废水、废物处理服务）、关联/适用产品（如垃圾桶、化粪池）、特定转移；按环境保护领域分为废水管理、废物管理、环境空气保护及其他，但并未涉及生态保护修复的内容。

（2）国民账户

在日本的国民账户（National Accounts）核算年度报告[27]中，按照 93SNA 环境保护活动分类标准，在政府最终消费支出表中列出了环境保护支出情况，按领域分为废物管理、废水管理、污染处理、生物多样性和景观保护、环境保护研发、其他等经济活动，公开数据时间从 2005 年起，最新为 2017 年。但需要注意的是，日本国民账户中的政府环境保护支出只是环境保护支出账户的一部分。

1.1.4 小结

综上所述，国际上有关生态保护修复支出的核算大多在环境保护支出账户或环境账户中列出。其核算领域主要是生物多样性与景观保护；支出主体包括政府、企业、住户三大类（表 1-3）；按支出性质分为经常性支出和资本性支出。上述国际组织或国家的核算工作可为我国生态保护修复支出核算提供一定经验参考。

表 1-3　生态保护修复支出核算国际比较

国际组织或国家	概念框架	账户或主题	核算内容（按领域）	核算主体
联合国	SEEA2012	环境保护支出账户	保护生物多样性和景观	企业、住户、一般政府、非营利住户服务机构
欧盟	SERIEE	环境保护支出账户	生物多样性和景观保护	工业部门、公共部门、环境保护服务专业生产商、住户
加拿大	CSERA	环境保护支出账户	政府账户：生物多样性和景观保护；企业账户：野生动物和栖息地保护	政府、企业、住户
德国	GEEA	环境保护支出账户	生物多样性和景观保护	政府、企业、私有化国营企业
英国	SEEA	环境账户	生物多样性和景观保护	政府和企业
澳大利亚	—	环境保护支出账户	生物多样性和景观保护	政府
		地方政府环境支出		政府
日本	SNA	国民账户：政府最终消费支出表	生物多样性和景观保护	政府

1.2　国内现状

20 世纪 70 年代以来，我国开始制定各项生态保护修复政策，并大致经历了点上保护、生态系统功能保护、格局保护与功能恢复并重三个阶段[36]，在政策实施过程中也持续不断地加大资金投入。但实际上，这些资金投入情况一直以来并没有得到系统、全面、有效的统计。从全国和各部门统计数据来看，已有的生态保护修复支出相关统计数据主要集中在自然资源、林草、水利、农业农村、生态环境、住建、财政等部门，且统计口径仍是"投资"的概念，与"支出"有所差异，不同类型统计数据的时空尺度也各不相同；从财政部 2015—2017 年全国公共财政支出决算情况来看[37]，我国生态保护修复支出预算科目共包含 4 类、12 款、32 项，如表 1-4 所示。可见，当前这种统计体系极其杂乱分散，且统计方式、精度、尺度不一致，不能有效满足生态保护修复支出核算的需求，概括起来主要存在以下问题。

表 1-4　2015—2017 年全国公共财政专项支出中生态保护修复的支出情况　　单位：亿元

类	款	项	2015 年	2016 年	2017 年
节能环保	自然生态保护	生态保护	83.12	82.21	149.94
		自然保护区	8.15	5.85	17.17
		生物及物种资源保护	0.8	1.99	2.26
		其他自然生态保护支出	30.02	49.43	58.23
	天然林保护	森林管护	62.65	80.31	47.53
		社会保险补助	63.66	57	54.48
		政策性社会性支出补助	46.86	35.29	44.16
		天然林保护工程建设	22.7	14.15	36.4
		其他天然林保护支出	33.99	87.33	91.07
	退耕还林	退耕现金	144.12	161.4	143.2
		退耕还林粮食折现补贴	11.26	8.51	8.62
		退耕还林粮食费用补贴	3.74	3.38	3.08
		退耕还林工程建设	31.09	43.71	34.16
		其他退耕还林支出	144.58	59.05	62.4
	风沙荒漠治理	京津风沙源治理工程建设	20.55	24.67	20.8
		其他风沙荒漠治理支出	21.81	18.78	24.44
	退牧还草	退牧还草工程建设	18.12	22.54	18.97
		其他退牧还草支出	0.78	1.44	1.91
	已垦草原退耕还草	已垦草原退耕还草	0.15	4.26	3.97
城乡社区事务	城乡社区管理事务	国家重点风景区规划与保护	11.31	18.91	17.18
农林水事务	农业	农业资源保护与利用	254.03	256.22	300.58
	林业	森林生态效益补偿	231.03	243.1	228
		林业自然保护区	14.73	19.17	16.85
		动植物保护	8.39	10.75	13.52
		湿地保护	25.71	25.91	27.31
		防沙治沙	11.41	7.32	8.52
	水利	水土保持	81.37	85.1	72.88
		水资源节约管理与保护	55.67	81.35	121.41
		江河湖库水系综合整治	60.44	62.76	116.65
国土资源气象等事务	国土资源事务	重点生态保护修复治理	4.63	53.87	39.15
		地质矿产资源利用与保护	—	33.99	30.72
	海洋管理事务	海岛和海域保护	—	68	74.22
合计			1 506.9	1 727.8	1 889.8

首先，生态保护修复支出的统计口径尚不完善。国家尚未开展生态保护修复支出的系统调查和统计，对生态保护修复支出的统计口径也缺乏规范和定义。国际上有关生态保护修复支出的核算主要是"支出"的概念，并包括经常性支出和资本性支出。但从国内现有的统计数据来看，仍是"投资"的概念，统计口径相对偏窄。例如，我国林业投资完成情况、矿山环境恢复治理投资情况、地质公园建设投资情况等，均是"投资"的概念。

其次，生态保护修复支出的统计体系尚未建立，统计数据呈部门化和分散化特征。系统完善的统计体系是建立生态保护修复支出账户的基础。但目前我国还尚未建立系统、完善的生态保护修复支出统计体系，在中国统计年鉴[38]中，仅有林业投资完成情况的统计，有关生态保护修复支出的数据分散在生态环境、自然资源、林草、水利、农业农村、住建、财政等各个部门。不同部门的统计口径、方式、尺度也有所差异，难以进行支出数据的有效整合。例如，有关森林、草地、湿地、荒漠、自然保护区等保护支出的数据主要在林草部门，有关矿山环境恢复治理、地质公园建设、地质遗迹保护支出的数据在自然资源部门，有关水土保持与生态建设支出的数据在水利部门，有关重点生态功能区保护支出的数据主要在财政部门，有关城镇园林绿化支出的数据主要在住建部门，有关农业资源保护修复与利用的支出数据主要在农业农村部门。

再次，生态保护修复支出的统计主体、对象仍不完整。由于我国生态保护修复工作仍以政府为主导统筹推进，目前生态保护修复的支出仍以政府为主，并没有进行支出主体的细分，企业、公众两类经济主体的生态保护修复支出尚未准确统计。例如，在《中国林业统计年鉴》林业投资完成情况表中，有来自中央、地方的国家预算资金情况，而来自企业的资金情况没有明确列出。生态保护修复支出涉及领域广泛，但现有统计数据仍不完整，部分领域如生物多样性保护的支出数据难以查找和完整统计。

最后，生态保护修复支出总量仍显不足，部分支出难以统计。根据财政部公布的2015—2017 年全国公共财政支出决算表[37]，全国财政性生态保护修复支出逐年增加，2017 年支出总额为 1 889.8 亿元，占当年全国一般公共预算总支出的比重仅为 1.1%，不到教育支出（占比 14.9%）的 1/10，与医疗卫生（占比 5.9%）、交通运输（占比 1.8%）等公共服务领域相比也有很大差距。目前，我国正处于污染防治的攻坚阶段，需要大量资金来支持生态保护修复工作，但财政性生态保护修复资金支出规模与资金需求相比仍有很大差距。另外，企业、社会主体也有一定的资金投入生态保护修复领域，但资金较为分散，难以统计，且在以政府为主要投资主体的前提下，即使增加上述两类主体的投资统计，生态保护修复支出总量仍然偏低。

总体来说，我国尚未开展生态保护修复支出的统计工作。生态保护修复支出核算结果最终通过生态保护修复支出账户体现，而建立账户的背后需要系统、完善的生态保护修复支出统计体系的支撑。因此，未来我国生态保护修复支出账户核算的关键是建立健全生态保护修复相关的统计调查体系。

第 2 章
核算基本框架与数据来源

2.1 核算原则

对应不同的核算目的，生态保护修复支出核算有不同的核算原则。

（1）保护者原则："谁保护、谁支出"，即谁直接支付了生态保护修复的成本，是从生态产品的供给者角度来进行支出核算。保护者原则类似于环境保护投资统计中的治理者原则，即从污染治理者或环境保护投资者的角度来进行统计。SEEA 的环境保护专业服务生产账户采用的是治理者原则。治理者原则更适于反映生态保护修复支出活动本身的发展情况以及各经济主体对其的参与情况。

（2）负担者原则："谁使用、谁支出"，即从生态产品的使用者角度来进行支出核算。"污染者负担原则"是 20 世纪 70 年代 OECD 提出的，SEEA 的国民环境保护支出统计采用的也是"污染者负担原则"。"污染者负担原则"更能体现生态保护修复支出对经济主体的实际影响，但从我国生态保护修复支出现实来看，生态产品使用者付费制度建设刚刚起步，在很多领域没有付费或只有象征性付费，从负担者原则进行核算的意义不大。

本书采用保护者原则核算全国生态保护修复支出情况。

2.2 支出主体

按照联合国国民经济核算体系（SNA）中一般经济活动的功能与特征和经济主体被细分为政府、企业、住户和国外部门，不同经济主体在生态保护修复支出活动中具有不同的功能与特征[39]。根据我国生态保护修复支出核算的实际情况，生态保护修复支出的主体也可以分为政府、企业、公众以及国外部门。核算不同经济主体的支出情况，能够明确各类经济主体为生态保护修复所作出的经济努力以及发挥的作用和不同经济主体在生态保护修复过程中所承担的责任。

政府在生态保护修复支出过程中发挥了重要作用，既是生态保护修复服务的生产者和使用者，又是生态保护修复的管理者，同时还是生态保护修复的转移支付者。从生产者角度来看，政府是非市场性生态保护修复服务的生产者，如生物多样性保护、水源涵养、净化空气、保持水土等生态系统服务功能。从消费者角度来看，政府代表公众公共消费支付非市场性生态保护修复服务的最终消费支出。从管理者角度来看，政府部门承担了生态监测、监管与执法等职能。从转移支付的角度来看，政府既可能向企业、公众征收资源保护类型的税费，也可能向企业、公众提供有关生态保护修复的补贴或补助。目前，我国政府部门仍是生态保护修复支出的主体。

企业既可能是生态保护修复服务的生产者，也可能是生态保护修复服务的使用者。从生产角度来看，企业主要从事市场性生态保护修复服务的生产，例如，园林景观工程、城镇绿化、生态修复工程、水土保持工程等。从使用角度来看，企业可以作为最终消费者购买生态保护修复服务。在我国，从事市场性生态保护修复服务的企业相对较少，且资金支出情况也较难统计。目前，国内外 PPP（Public Private Partnership）融资模式已在基础设施、城镇化建设等方面取得了成功经验[40]，近年来，PPP 环保产业基金机制[41]更是为环境保护投资提供了更为灵活的市场化融资渠道。未来我国在生态保护修复支出领域也应积极尝试引进 PPP 模式，不断提高我国全社会参与生态保护修复的能力，以目前政府财政支持生态保护修复支出责任转向政府、企业、公众共同承担生态保护修复支出责任。

公众应是生态保护服务的最终使用者，如支付森林生态系统保护的税费等。目前，我国尚未建立生态保护修复税收制度。因此，本应由公众支付的一部分生态保护修复费用实际上仍由政府负担。政府利用财政资金进行生态保护修复支出，实际上是由公众缴纳的其他类型税收支付。

国外部门是指涉及生态保护修复服务的本国以外其他国家或地区、国际组织及相关机构等（表 2-1）。

表 2-1　生态保护修复支出主体及功能

部门	企业	政府	公众	国外部门
功能	市场性生态保护修复服务的生产者 最终使用者	非市场性生态保护修复服务的生产者 最终使用者 转移支付者	最终使用者	市场性生态保护修复服务的生产者 最终使用者

2.3　支出分类

目前，由联合国欧洲经济委员会和欧盟统计局合作推出的 CEPA2000[42]是当前开发应用程度最高的环境保护活动分类标准[43]，其中有关生态保护修复支出的内容是生物多样性和景观保护，又可细分为物种和栖息地的保护与恢复、自然景观和半自然景观的保护、计量控制和实验室及其他活动。结合国际经验和账户核算情况，同时根据生态保护修复支出的内涵与特征，对按保护对象的支出分类进行了定义，如表 2-2 所示。

表 2-2　生态保护修复支出分类（按保护对象）

支出类型	子类型
单个生态系统保护修复	森林、草地、湿地、农田、城镇、荒漠、海洋
生态系统整体性保护修复	重要（点）生态功能区、自然保护地、矿山环境恢复治理、水土保持及生态、重点生态保护修复专项

2.4　资金来源

目前，我国生态保护修复支出的资金大部分来源于政府财政资金。系统、准确核算生态保护修复支出的资金来源，能够为将来生态保护修复支出融资渠道、提高资金效益提供重要参考。

按照《中国统计年鉴》《中国林业统计年鉴》《中国水利统计年鉴》中有关资金来

源的分类情况（作为现行统计口径），当年支出的资金来源主要可包括国家预算资金、国内贷款、债券、企业和私人投资、利用外资、自筹资金、其他资金等。其中，国家预算资金又可细分为中央和地方财政预算资金及中央对地方转移支付资金。由于生态保护修复支出的各项支出分布于财政、生态环境、自然资源、林草、水利、农业农村、住建等多个部门，无法单独统计各部门中有生态保护修复支出的资金来源，因此，这里根据各部门的资金来源统计数据进行简单估算，将国家预算资金归类为政府支出，将国内贷款、企业和私人投资、债券、自筹资金和其他归类，利用外资归并为国外部门（表2-3）。

表2-3　按现行统计口径生态保护修复支出资金来源

资金来源	国家预算资金			国内贷款	债券	自筹资金	企业和私人投资	利用外资	其他资金
	中央	地方	中央对地方转移支付						
全国									
各地区									

2.5　账户总体框架

将支出情况按照生态保护修复支出分类、资金来源等进行系统化描述，形成全国生态保护修复支出账户，如表 2-4 所示。按照生态保护修复的方向和侧重，主要可分为两大类支出：单一生态系统保护修复和生态系统整体性保护修复。其中，单一生态系统保护修复主要包括森林、草地、湿地、农田、城镇、荒漠、海洋 7 类；生态系统整体性保护修复主要包括重要（点）生态功能区、自然保护地、水土保持及生态、矿山环境恢复治理、重点生态保护修复专项 5 类。

利用表 2-4 的生态保护修复支出核算数据可以进行多种类型分析工作，具有重要的应用价值。

第一，生态保护修复支出分析，包括支出数量、支出结构、支出主体的分析。支出数量分析能够明确全社会及各经济主体对生态保护修复所支付的资金情况，反映其为国家生态保护修复所做的经济努力；支出结构分析能够明确全社会生态保护修复支出的重点领域、资金使用方向，发现生态保护修复支出在某些领域存在的欠缺与不足；

支出主体分析则能够进一步反映某一时期国家或地区的生态保护修复支出模式，明确不同经济主体在生态保护修复支出过程中的贡献程度。

第二，生态保护修复支出的成本效益分析。将生态保护修复支出的核算结果与生态环境状况变化情况进行对比分析，能够明确全国生态保护修复支出的环境、经济和社会效益，便于政府决策。

第三，生态保护修复支出与经济变量的相关分析。例如，可以计算生态保护修复支出总量占国内生产总值的比重，明确全社会生态保护修复支出和国民经济发展的关系。对于政府而言，可以计算生态保护修复支出占财政收入或支出的比重；对于企业而言，可以计算生态保护修复支出占其固定资产投资的比重；对于公众而言，可以计算生态保护修复支出占其可支配收入或最终消费支出的比重。通过这些计算，可以进一步了解不同经济主体对生态保护修复支出的负担程度。

表 2-4　生态保护修复支出账户样表

支出类型	支出主体				
	政府	企业	公众	国外部门	总计
1. 单一生态系统保护修复	—	—	—	—	—
1.1　森林	—	—	—	—	—
1.2　草地	—	—	—	—	—
1.3　湿地	—	—	—	—	—
1.4　农田	—	—	—	—	—
1.5　城镇	—	—	—	—	—
1.6　荒漠	—	—	—	—	—
1.7　海洋	—	—	—	—	—
2. 生态系统整体性保护修复	—	—	—	—	—
2.1　重要（点）生态功能区	—	—	—	—	—
2.2　自然保护地	—	—	—	—	—
2.3　水土保持及生态	—	—	—	—	—
2.4　矿山环境恢复治理	—	—	—	—	—
2.5　重点生态保护修复专项	—	—	—	—	—
合计（1+2）	—	—	—	—	—

2.6 非政府支出账户

除构建全国生态保护修复支出总体账户外，本书还尝试建立非政府支出账户并进行试算，作为生态保护修复支出总体账户的补充和细化。

首先，采用保护者原则开展生态保护修复非政府支出核算；其次，生态保护修复的非政府支出主体主要包括非金融企业、金融企业、住户、为住户服务的非营利机构（NPISH）、国外部门（表 2-5）。不同支出主体在生态保护修复支出中的角色有所差异，其中非金融企业和金融企业是生态保护修复非政府支出的主要支出主体。

按支出性质分为资本性支出、经常性支出、转移性支出；按保护对象的支出分类与总体账户保持一致。核算账户如表 2-5 所示，为了避免重复计算，只有"√"部分的内容是基于保护者原则的生态保护修复非政府支出。

表 2-5　生态保护修复非政府支出账户样表

支出类型	非金融企业		金融企业	住户	NPISH	国外
	生产者	使用者				
经常性支出	√				√	
资本性支出	√				√	
自给性活动经常性支出		√				
自给性活动资本性支出		√				
购买支出						
绿色信贷						
转移净额						
合计	√	√			√	

2.7 数据来源

2.7.1 全国及各地区生态保护修复支出

全国生态保护修复支出核算数据主要来自各部门统计年鉴及公开资料，如表 2-6 所示。各地区生态保护修复支出核算数据来源如表 2-7 所示，与全国数据来源类似，但数据时间序列相对较短，主要自1987年起有统计。

表2-6　全国生态保护修复支出数据来源

保护对象	统计指标	数据来源	数据年份
森林	林业生态建设与保护*	《全国林业统计资料汇编》《中国林业统计年鉴》	1953—2017年
	林业支撑与保障*		
草地	草原生态保护奖励补助资金	财政部	2011—2017年
	退牧还草工程	国家林业局财政部	2003—2007年，2008—2017年
	已垦草原退耕还草	财政部	2011—2017年
	草原植被恢复费	财政部	2010—2015年
	草原草场保护	财政部	2010年
	草原资源监测	财政部	2010年
湿地	湿地恢复与保护	《中国林业统计年鉴》	2008—2017年
	全国湿地保护工程	国家林业局	2005—2007年
	湿地保护与恢复示范工程	国家林业局	2001—2005年
	退湖还田工程	国家林业局	1998—2002年
农田	农业资源保护修复与利用	财政部	2010—2017年
	耕地地力保护	财政部	2010年
城镇	园林绿化	《城乡建设统计年鉴》/《城市建设统计年鉴》	1979—2017年
荒漠	京津风沙源治理工程	国家林业局	1998—2007年
	风沙荒漠治理	财政部	2010—2017年
	防沙治沙	财政部	2010—2017年
海洋	海岛和海域保护	财政部	2016—2017年
重点生态功能区	国家重点生态功能区转移支付	财政部	2008—2017年
自然保护地	野生动植物保护及自然保护区	《全国林业统计资料汇编》《中国林业统计年鉴》	1953—2017年
	地质公园建设	《中国国土资源统计年鉴》	2003—2017年
	地质遗迹保护	《国土资源综合统计年报》《中国国土资源统计年鉴》	1999—2004年，2005—2017年
	国家重点风景区规划与保护	财政部	2010—2017年

保护对象	统计指标	数据来源	数据年份
水土保持及生态	水土保持及生态	中国水利统计年鉴	1999—2017 年
	生产建设项目水土保持方案投资	中国水利统计年鉴	2003—2017 年
	水资源保护与管理	财政部	2010—2017 年
	江河湖库水系综合整治	财政部	2015—2017 年
矿山环境恢复治理	矿山环境恢复治理	《国土资源综合统计年报》《中国国土资源统计年鉴》	2003 年，2004—2017 年
重点生态保护修复专项	山水林田湖草生态保护修复工程试点资金	财政部	2016—2017 年

注：*表示对原有统计指标进行了重新归类调整。原国家林业局数据来自文献资料[45]，为工程多年累计支出，对应年度支出采用多年平均值代替。

表 2-7　各地区生态保护修复支出数据来源

保护对象	统计指标	数据来源	数据年份
森林	林业生态建设与保护*	《中国林业统计年鉴》	1987—2017 年
	林业支撑与保障*		
湿地	湿地恢复与保护	《中国林业统计年鉴》	2008—2017 年
农田	农业资源保护修复与利用	财政部	2010—2017 年
城镇	园林绿化	《城市建设统计年鉴》/《城乡建设统计年鉴》	1999—2017 年，2006—2017 年
荒漠	沙地治理与封禁	《中国林业统计年鉴》	2015 年
	防沙治沙	《中国林业统计年鉴》	2016—2017 年
海洋	海岛和海域保护	财政部	2016—2017 年
重点生态功能区	国家重点生态功能区转移支付	财政部	2008—2017 年
自然保护地	野生动植物保护及自然保护区	《中国林业统计年鉴》	2000—2017 年
	地质公园建设	《中国国土资源统计年鉴》	2003—2017 年
	地质遗迹保护	《国土资源综合统计年报》《中国国土资源统计年鉴》	2000—2004 年，2005—2017 年
水土保持及生态	水土保持及生态	《中国水利统计年鉴》	2008—2017 年
	生产建设项目水土保持方案投资	《中国水利统计年鉴》	2008—2017 年
矿山环境恢复治理	矿山环境恢复治理	《国土资源综合统计年报》《中国国土资源统计年鉴》	2003 年，2004—2017 年
重点生态保护修复专项	山水林田湖草生态保护修复工程试点资金	财政部	2016—2017 年

注：*表示对原有统计指标进行了重新归类调整。

2.7.2 全国生态保护修复非政府支出

本书主要以生态建设与环境保护项目 PPP 模式为研究对象，获取了截至 2018 年 9 月 30 日财政部政府和社会资本合作中心全国 PPP 综合信息平台项目库（包括项目管理库和项目储备清单）公布的全部 1 054 个生态建设与环境保护项目的相关信息。有关生态保护修复的支出情况主要来源于每个项目各阶段的公开资料（如准备阶段的实施方案、采购阶段的成交公告），包括项目基本情况、政府与非政府资本支出情况、政府与非政府经常支出情况等。其中，项目基本情况又包括项目发起时间、实施阶段、所在地区、回报机制、运作方式、拟合作年限、发起类型、示范级别、投资情况、保护对象等。

2.7.3 国际生物多样性和景观保护支出

国际生物多样性和景观保护支出数据主要来自国际组织和主要发达国家的统计局官网公开数据，具体如表 2-8 所示。

表 2-8　国际生物多样性和景观保护支出数据来源

国际组织或国家	核算账户	数据表	年份
欧盟	环境保护支出账户	按经济特点分的国家环境保护支出	2009—2016 年
加拿大	环境保护支出账户	政府：加拿大政府环境支出	2008—2016 年
		企业：按活动类型分的资本和运营支出表	2006—2016 年（每两年）
英国	环境账户	一般政府环境保护支出	1995—2017 年
德国	环境保护支出账户	分领域环境保护支出	2010—2016 年
日本	国家账户	政府最终消费支出表	2005—2017 年
澳大利亚	环境保护支出账户	分领域环境保护支出	1995—1996 年，1996—1997 年

2.7.4 社会经济数据

全国及各省（区、市）人口、GDP 数据主要来自历年中国统计年鉴；国际人口和 GDP 数据主要来自世界银行，部分国家如日本、英国的人口和 GDP 数据主要来自统计局公开数据。

表 2-9　国际和国内社会经济数据来源

统计指标	数据来源	年份
国际组织和主要发达国家人口总数	世界银行	1995—2017 年
中国人口总数和 GDP	历年中国统计年鉴	1953—2017 年
加拿大 GDP	加拿大统计局	1995—2017 年
英国 GDP	英国环境账户	2010—2016 年
日本人口总数	日本统计年鉴	2005—2017 年
日本 GDP	日本国家账户	2005—2017 年
澳大利亚 GDP	世界银行	1995—1996 年，1996—1997 年

第3章
全国生态保护修复支出变化

3.1 全国支出账户列报

1953—2017 年全国生态保护修复累计支出及现状支出总体情况如表 3-1 所示。60 多年生态保护修复累计支出 70 666.0 亿元，其中单一生态系统保护修复支出为 47 820.7 亿元，占比 67.7%，生态系统整体性保护修复支出为 22 845.4 亿元，占比 32.3%。2017 年，全国生态保护修复总支出约 9 571.5 亿元，其中单一生态系统保护修复支出为 5 992.5 亿元，占比 62.6%，生态系统整体性保护修复支出为 3 579.0 亿元，占比 37.4%。

从不同支出主体来看，2017 年我国生态保护修复的政府支出占比 56.8%，企业支出占比 42.1%，国外部门支出占比 1.1%，公众无支出数据。生态保护修复整体上仍以国家财政支出为主。具体来看，目前有企业支出的主要包括森林、湿地、城镇、自然保护地、水土保持及生态、矿山环境恢复治理 6 类，其中企业对水土保持及生态领域的支出贡献最高，占比约为 68%，且 95.3% 来自企业生产建设项目水土保持方案投资；企业对城镇、矿山环境恢复治理的支出贡献也较高，占比分别为 57.8%、59.4%。其余类型的生态保护修复支出的企业占比较小，既有缺少社会化融资机制的原因，也与目前生态保护修复支出统计口径缺失有关，例如，企业发展沙产业投入的草地、荒漠治理费用，尚未有可查的统计数据。

表 3-1   1953—2017 年全国生态保护修复支出情况   单位：亿元

支出类型	累计支出	2017 年支出				
		总支出	其中政府	企业	公众	国外部门
1. 单一生态系统保护修复	47 820.7	5 992.5	3 813.4	2 165.8	—	13.4
1.1　森林	17 996.9	2 436.5	1 905.2	524.6		6.8
1.2　草地	1 575.7	212.5	212.5	—	—	—
1.3　湿地	473.4	80.7	65.3	15.3	—	0.02
1.4　农田	1 623.7	300.6	300.6	—	—	—
1.5　城镇	25 411.0	2 812.2	1 181.5	1 624.1		6.6
1.6　荒漠	631.8	75.9	74.1	1.8	—	
1.7　海洋	108.2	74.2	74.2			
2. 生态系统整体性保护修复	22 845.4	3 579.0	1 623.3	1 867.0		88.6
2.1　重要（点）生态功能区	3 709.7	627.0	627.0	—		
2.2　自然保护地	833.4	115.7	110.9	4.8		
2.3　水土保持及生态	16 901.0	2 616.4	748.7	1 779.1		88.6
2.4　矿山环境恢复治理	1 241.2	139.9	56.7	83.1		
2.5　重点生态保护修复专项	160.0	80.0	80.0	—		
合计（1+2）	70 666.0	9 571.5	5 436.8	4 032.8		102.0

注："—"表示无支出数据。

3.2 支出总量及其变化

3.2.1 总体变化特征

中华人民共和国成立以来，国家不断加大生态保护修复资金的投入力度，全国生态保护修复支出总量不断增加，尤其自 1996 年开始迅速呈指数增长，近 70 年累计支出 70 666.0 亿元，2017 年支出 9 571.5 亿元，是 1953 年的近 28 万倍。具体来看，1960 年支出总量首次突破 1 亿元，1991 年支出总量首次突破 10 亿元，1998 年支出总量增加到 148.4 亿元，首次突破 100 亿元；之后支出总量迅速呈指数增长，2005 年增加到 1 076.4 亿元，首次突破 1 000 亿元；2009 年支出总量是 2005 年的近 3 倍，增加到 2 969.3 亿元；2011 年支出总量再次翻倍，增加到 6 203.5 亿元；2012 年后支出总量增速放缓，

2017 年增加到 9 571.5 亿元，首次突破 9 000 亿元（图 3-1）。

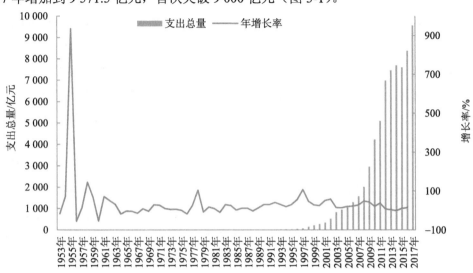

图 3-1　1953—2017 年全国生态保护修复支出总量及其变化

从 60 多年的支出年均增长率来看，整体呈波动式增长，1956 年 1 月中共中央在《一九五六年到一九六七年全国农业发展纲要（草案）》提出"发展林业，绿化一切可能绿化的荒地荒山"，促使该年支出增长率达到历史最高点，为 935.2%，随后的 1959 年支出增速达到第二高点，为 145.3%。1979 年我国新增城镇园林绿化支出，同时森林和自然保护区支出也明显增加，带动支出增长率达到历史第三高点，为 110.7%。尤其是自 1998 年以来国家启动实施天然林资源保护、退耕还林、退牧还草、京津风沙源治理等重大生态保护修复工程，湿地、荒漠、城镇等类型支出明显增加，促使支出增长率达到历史第四高点，为 107.0%，之后支出增速有所下降，除 2015 年增长率为负值外，其余年份支出增长率大部分超过 10%（图 3-1）。

3.2.2　分阶段变化特征

进一步按不同规划建设时期分析支出总量的分阶段特征。由于 1953—1980 年的支出水平总体较低，因此将该时期作为"中华人民共和国成立至改革开放初期"统一考虑。

"中华人民共和国成立至改革开放初期（1953—1980 年）"支出总量为 35.6 亿元，

但年均支出最低，仅为 1.3 亿元。改革开放后，支出总量迅速增加，除 1986—1990 年和 2016—2017 年外，各个时期支出相比上一时期均成倍增长，尤其是 1996—2000 年支出增速最快，增长率达到 555.1%。

　　具体来看，1981—1985 年、1986—1990 年两个支出总量相对较低，分别为 26.0 亿元、41.6 亿元，年均支出分别为 5.2 亿元、8.3 亿元，1981—1985 年年均支出比上一时期增长 309.3%；1991—1995 年支出总量增长到 116.5 亿元，首次突破 100 亿元，年均支出 23.3 亿元，是上一时期的 2 倍多，支出增长率达 180.3%；1996—2000 年支出总量增长到 763.2 亿元，年均支出 152.6 亿元，是上一时期的 6 倍多，支出增长率达到最高，为 555.1%；2001—2005 年支出总量增长到 3 724.0 亿元，年均支出 744.8 亿元左右，是上一时期的近 5 倍，支出增长率高达 387.9%；2006—2010 年支出总量增长到 12 081.6 亿元，首次突破 1 万亿元，年均支出 2 416.3 亿元左右，是上一时期的 3 倍多，增速有所放缓，支出增长率为 224.0%；2011—2015 年支出总量增长到 35 949.8 亿元，首次突破 3 万亿元，年均支出 7 190.0 亿元，是上一时期的近 3 倍，支出增长率降为 188.8%；2016—2017 年年均支出 8 973.6 亿元，支出增长率下降到 28.8%（图 3-2 和图 3-3）。

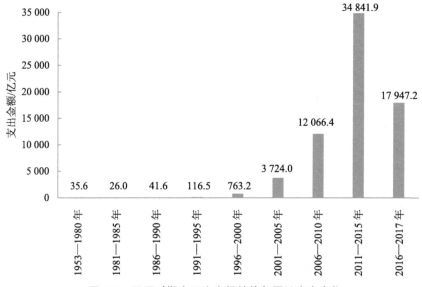

图 3-2　不同时期全国生态保护修复累计支出变化

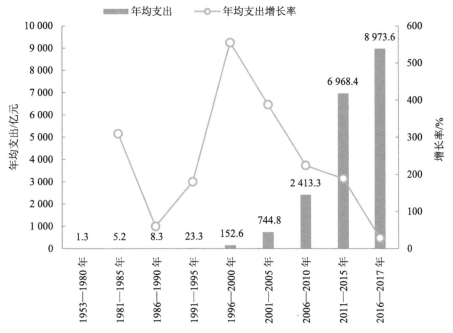

图 3-3　不同时期全国生态保护修复年均支出及增长率

3.2.3　各类型支出增加贡献率

（1）规划时期内

进一步分析我国不同类型支出的增加对各个时期内支出增加（期末相对期初增加量）的贡献程度，结果表明："中华人民共和国成立至改革开放初期（1953—1980 年）"和 1986—1990 年，主要以森林生态保护修复支出带动总支出增加，贡献率分别为 99.3%、116.1%；1981—1985 年和 1991—1995 年则主要以城镇生态保护修复支出带动总支出增加，贡献率分别为 96.6%、76.8%。总体来看，由于 1991—1995 年以前生态保护修复支出类型相对较少，因此城镇或森林单一类型支出增加对总支出增加的贡献较大。

自 1996—2000 年开始，随着支出类型的不断增加，各类型支出增加的贡献程度也更加均衡，并主要以森林、城镇、水土保持及生态等类型支出增加的贡献较为突出。其中，1996—2000 年城镇和森林支出增加对总支出增加的贡献率分别为 49.7% 和 24.6%；2001—2005 年城镇、森林、水土保持及生态支出增加的贡献率分别为 37.8%、25.0%、

31.5%；2006—2010 年城镇、水土保持及生态支出增加的贡献率分别为 46.5%、27.1%；2011—2015 年森林、城镇、重点生态功能区支出增加的贡献率分别为 40.0%、15.8%、14.9%；2016—2017 年水土保持及生态、城镇支出增加的贡献率分别为 44.1%、21.6%（表 3-2）。

表 3-2 各支出类型对不同规划时期内总支出增加的贡献率　　　　单位：%

时期	森林	草地	湿地	农田	城镇	荒漠	海洋	重点生态功能区	自然保护地	水土保持及生态	矿山环境恢复治理
1953—1980 年	99.3	0.0	0.0	0.0	0.0	0.0	0.0	0.0	0.7	0.0	0.0
1981—1985 年	2.0	0.0	0.0	0.0	96.6	0.0	0.0	0.0	1.4	0.0	0.0
1986—1990 年	116.1	0.0	0.0	0.0	-19.7	0.0	0.0	0.0	3.6	0.0	0.0
1991—1995 年	22.9	0.0	0.0	0.0	76.8	0.0	0.0	0.0	0.3	0.0	0.0
1996—2000 年	24.6	0.0	9.7	0.0	49.7	8.3	0.0	0.0	-0.1	7.9	0.0
2001—2005 年	25.0	3.9	-3.1	0.0	37.8	0.0	0.0	0.0	1.6	31.5	3.4
2006—2010 年	11.1	0.8	0.2	1.1	46.5	0.7	0.0	8.5	1.0	27.1	3.0
2011—2015 年	40.0	2.1	2.7	6.5	15.8	2.0	0.0	14.9	2.0	11.9	2.1
2016—2017 年	13.4	-0.3	1.9	3.6	21.6	0.5	3.3	4.7	1.9	44.1	5.2

（2）规划时期之间

重点分析我国各支出类型对不同规划时期累计支出增加（相对上一时期累计支出的增加量）的贡献程度，结果表明：1986—1990 年主要以森林和城镇支出带动累计支出增加，贡献率分别为 50.6%、47.6%。1991—1995 年和 1996—2000 年则以城镇支出为主带动累计支出增加，贡献率分别为 66.9%、51.8%，其次是森林支出的带动作用，贡献率分别为 31.8%、23.6%。2001—2005 年、2006—2010 年和 2011—2015 年 3 个时期则以城镇、森林、水土保持及生态等类型支出为主带动累计支出增加，三者贡献率相差不大，其中城镇支出增加的贡献率最高并略有下降，分别为 42.2%、44.5%、30.0%，森林支出增加的贡献率分别为 30.9%、15.7%、29.2%，水土保持及生态支出增加的贡献率分别为 20.4%、27.7%、23.6%（表 3-3）。

表 3-3 各支出类型对不同规划时期间累计支出增加的贡献率 单位：%

时期	森林	草地	湿地	农田	城镇	荒漠	重点生态功能区	自然保护地	水土保持及生态	矿山环境恢复治理
1986—1990 年	50.6	0	0	0	47.6	0	0	1.8	0	0
1991—1995 年	31.8	0	0	0	66.9	0	0	1.3	0	0
1996—2000 年	23.6	0	10.5	0	51.8	9.0	0	0.4	4.7	0
2001—2005 年	30.9	2.9	-0.7	0	42.2	1.3	0	1.2	20.4	1.8
2006—2010 年	15.7	1.0	-0.1	0.4	44.5	-0.2	5.1	2.3	27.7	3.6
2011—2015 年	29.2	3.1	0.6	4.2	30.0	0.7	6.9	0.5	23.6	1.1

注：仅分析完整的五年规划时期。

3.3 支出类型结构及其变化

3.3.1 总体变化特征

中华人民共和国成立以来，全国生态保护修复支出类型和结构不断优化和完善。支出类型由最初的森林、自然保护地两类增加到 2017 年的森林、草地、湿地、农田、城镇、荒漠、海洋、水土保持及生态、矿山环境恢复治理、重点生态功能区、自然保护地、重点生态保护修复专项共 12 类。分阶段来看，1979 年新增城镇支出，1998 年新增湿地、荒漠支出，1999 年新增水土保持及生态支出，2003 年新增矿山环境恢复治理、草地支出，2008 年新增重点生态功能区支出，2010 年新增农田支出，2016 年新增海洋和重点生态保护修复专项支出。

支出结构呈现改善趋势，由最初 1953 年单一的森林支出（98.6%），转变为向不同要素及重点区域倾斜。具体来看，1953—1980 年几乎全部为森林支出，平均占比为 98% 以上；1981—2002 年转变为以森林和城镇两类支出为主，且森林支出占比逐年下降，2002 年降至 35.1%，同时城镇支出占比逐年增加，2002 年增至 49.9%；2003—2017 年逐渐转变为以城镇、森林、水土保持及生态三类支出为主，且城镇、森林支出占比逐年下降，水土保持及生态支出占比略有增加，三者占比差距逐渐缩小，同时 2008 年开始重点生态功能区支出占比也明显增加（图 3-4）。

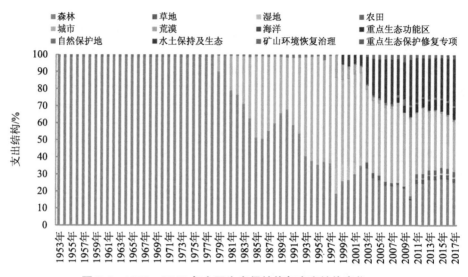

图 3-4　1953—2017 年全国生态保护修复支出结构变化

2017 年，全国生态保护修复支出总体以城镇（29.4%）、森林（25.5%）和水土保持及生态支出（27.3%）为主，重点生态功能区（6.6%）、农田（3.1%）、草地（2.2%）、矿山环境恢复治理（1.5%）、自然保护地（1.2%）、重点生态保护修复专项（0.8%）、湿地（0.8%）、海洋（0.8%）、荒漠（0.8%）等各类型支出互为补充，较为系统、全面的生态保护修复支出体系逐渐形成（图 3-5）。

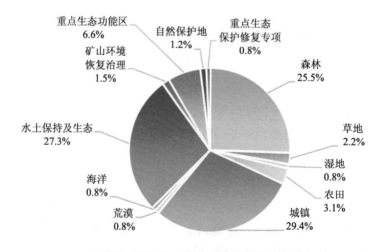

图 3-5　2017 年全国生态保护修复支出结构

3.3.2　分阶段变化特征

从不同时期来看，"中华人民共和国成立至改革开放初期（1953—1980 年）"以森林支出为主，占比高达 97.6%，自然保护地和城镇支出占比很低。到 1981—1985 年、1986—1990 年，仍以森林支出为主，但占比有所下降，维持在 60% 以上，同时城镇支出占比迅速上升，1986—1990 年达到 38.2%。

1991—1995 年和 1996—2000 年 2 个时期则以城镇支出为主，支出占比进一步提高，分别为 56.6%、52.6%，同时森林支出占比持续下降，到 1996—2000 年降至 26.5%。1996—2000 年末，自 1998 年长江特大洪水以来国家不断加大生态保护修复力度，先后启动退耕还林（草）、退牧还草、京津风沙源治理、退湖还田、水土保持等多项生态保护修复工程，该时期新增水土保持及生态、湿地、荒漠三项支出，占比分别为 4.0%、8.9%、7.6%。

2001—2005 年以城镇、森林支出为主，支出占比分别为 44.4%、30.0%；同时国家继续加大水土保持投入力度，水土保持及生态支出占比上升至 17.0%。该时期国家新增矿山环境恢复治理和退牧还草工程资金，支出占比分别在 1.4%、2.3%。

2006—2017 年，支出结构转变为以城镇、水土保持及生态、森林三类支出并重，其他类型支出互为补充的总体格局。其中，2006—2010 年国家继续加大水土保持投入力度，水土保持及生态支出占比提升至 24.4%，同时森林支出占比下降到 20.1%，城镇支出占比保持在 44.5%。该时期我国生态保护修复工作开始由点上保护向面上保护转变，2008 年国家新增重点生态功能区转移支付资金，加大对重点生态功能区的保护力度。

2011—2015 年，森林支出占比上升到 26.2%，城镇支出占比下降到 34.9%，水土保持及生态支出占比略有下降，为 23.9%；该时期国家加大对草地生态系统保护的投入力度，在 2011 年新增草地生态保护奖励补助资金，但支出占比相对较低。

2016—2017 年，森林、城镇、水土保持及生态支出占比分别为 26.3%、26.2%、29.9%。2016 年国家正式启动山水林田湖草生态保护修复工程试点，新增重点生态保护修复专项资金；全国公共财政支出中新增海岛和海域生态保护支出，但二者支出占比相对较低（图 3-6）。

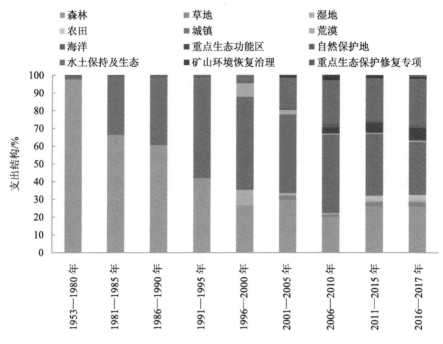

图 3-6　不同时期全国生态保护修复支出结构变化

3.4　支出地区差异分析

各地区支出数据主要涉及类型包括森林、湿地、城镇、荒漠、农田、海洋、重点生态功能区、自然保护地、水土保持及生态、矿山环境恢复治理、重点生态保护修复专项等，时间尺度为 1987—2017 年。

3.4.1　现状支出

本章主要分析 2017 年各地区、各省（区、市）生态保护修复累计支出和单位国土面积累计支出的差异。

（1）分地区

2017 年，各地区生态保护修复支出差异较为明显。其中，西部地区和东部地区支出较高，分别为 3 383.5 亿元和 3 030.3 亿元，占比分别为 38.1% 和 34.1%，其次为中部地区和东北地区，分别为 2 009.9 亿元和 465.4 亿元（图 3-7）。从各地区单位国土面积支出来看，东部地区最高，为 33.2 万元/km²，其次为中部地区和东北地区，分别为 19.6 万元/km² 和 6.0 万元/km²，西部地区最低，为 5.0 万元/km²（图 3-8），支出总量和单位国土面积支出的区域分布格局与我国经济社会发展格局基本一致。

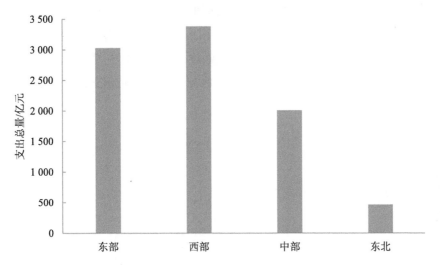

图 3-7　2017 年不同地区生态保护修复支出总量

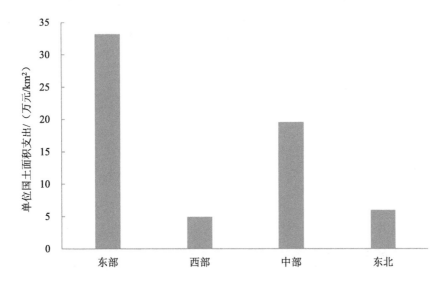

图 3-8　2017 年不同地区单位国土面积支出

（2）分省（区、市）

从 2017 年各省（区、市）支出来看，内蒙古、北京较高，均超过 500 亿元；山东、河南、江苏、浙江、湖南、四川、云南、广西等省份支出也较高，在 355 亿~462 亿元，位列全国前十；西藏、天津、上海、辽宁、海南支出较低，在 70 亿~90 亿元，位列全国后五名（图 3-9）。从各省（区、市）单位国土面积支出来看，北京、上海、天津、江苏、浙江、山东、重庆、福建、河南、安徽位列前十，其中 70%（7 省、市）属于东部地区，内蒙古、黑龙江、青海、新疆、西藏单位国土面积支出相对较低，位于全国后五名（图 3-10）。

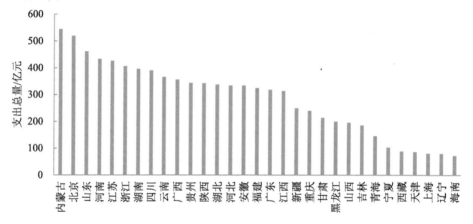

图 3-9　2017 年各省（区、市）生态保护修复支出

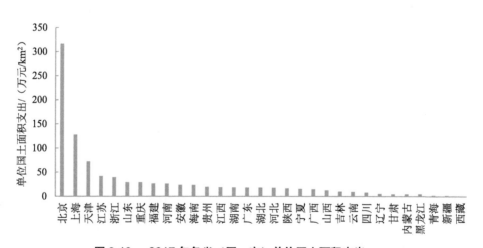

图 3-10　2017 年各省（区、市）单位国土面积支出

3.4.2　累计支出

重点分析 1987—2017 年各地区、各省（区、市）生态保护修复累计支出和单位国土面积累计支出的差异。

（1）分地区

1987—2017 年，各地区生态保护修复累计支出差异较为明显。其中，东部和西部地区累计支出较高，分别为 23 784.5 亿元和 22 720.5 亿元，占比分别为 36.7% 和 35.1%，其次为中部地区和东北地区，累计支出分别为 13 930.3 亿元和 4 378.3 亿元（图 3-11）。从各地区单位国土面积累计支出来看，东部地区最高，为 260.2 万元/km^2，其次为中部地区和东北地区，分别为 135.5 万元/km^2 和 56.3 万元/km^2，西部地区最低，为 33.2 万元/km^2（图 3-12），累计支出和单位国土面积累计支出的区域分布格局与我国经济社会发展格局基本一致。

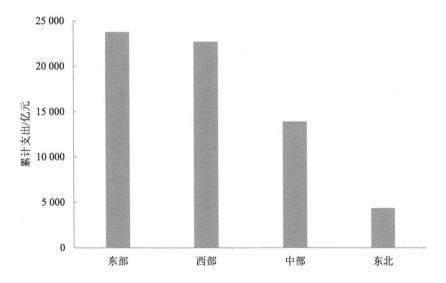

图 3-11　1987—2017 年不同地区生态保护修复累计支出

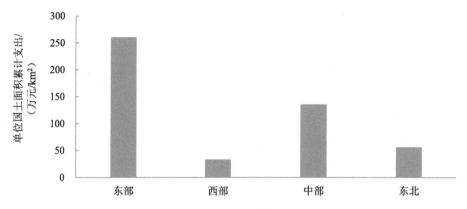

图 3-12   1987—2017 年不同地区单位国土面积累计支出

（2）分省（区、市）

从各省（区、市）累计支出总量来看，江苏、山东 2 个省份较高，均超过 4 000 亿元；内蒙古、北京、湖南、广西、浙江、四川、河北、安徽等累计支出也较高，在 2 500 亿～3 900 亿元，位列全国前十；西藏、海南、宁夏、天津、青海累计支出较低，在 400 亿～900 亿元，位列全国后五名（图 3-13）。从各省（区、市）单位国土面积累计支出来看，北京、上海、天津、江苏、浙江、山东、重庆、安徽、福建、河北位列前十，其中 80%（8 省、市）属于东部地区；内蒙古、甘肃、青海、新疆、西藏单位国土面积累计支出相对较低，位于全国后五名（图 3-14）。

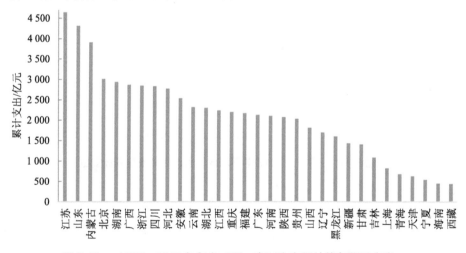

图 3-13   1987—2017 年各省（区、市）生态保护修复累计支出

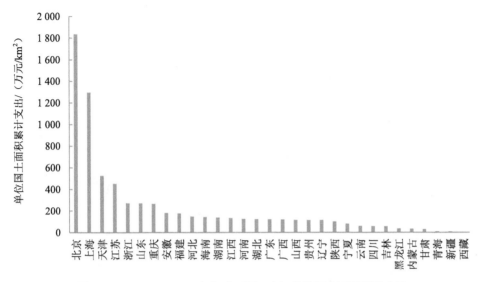

图 3-14　　1987—2017 年各省（区、市）单位国土面积累计支出

3.4.3　分阶段支出

重点分析不同规划时期各地区生态保护修复累计支出比例差异。1987—2017 年，各个阶段累计支出以西部或东部为主交替。其中，1987—1990 年以西部地区和中部地区累计支出相对较高，占比分别为 30.9% 和 28.4%；其次为东部地区，占比为 22.7%；东北地区最低，为 18.0%。1991—1995 年以西部地区和东部地区累计支出相对较高，占比分别为 38.9% 和 30.0%；其次为中部地区，占比为 20.7%；东北地区最低，占比为 10.5%。1996—2000 年和 2001—2005 年 2 个时期均以东部地区累计支出最高，占比分别达到 46.4%、47.9%，接近全国一半；其次为西部地区，占比分别为 32.3%、30.7%；中部和东北地区相对较低。2006—2010 年和 2011—2015 年 2 个时期仍以东部地区累计支出最高，但支出占比有所下降，分别为 38.0%、36.6%；其次为西部地区，支出占比分别为 36.1%、33.5%；第三为中部地区，支出占比分别增加到 19.5%、22.6%；东北地区最低，分别为 6.4%、7.3%。2016—2017 年转变为以西部地区累计支出最高，支出占比上升到 38.3%；其次为东部地区，支出占比为 33.9%；中部地区与上一时期持平，占比为 22.4%；东北地区最低，为 5.5%（图 3-15）。

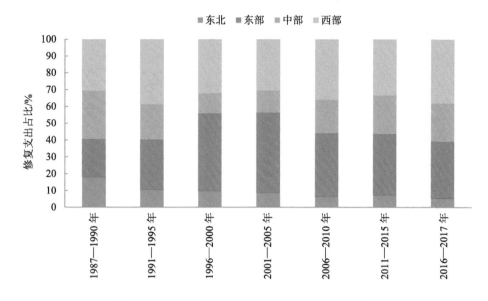

图 3-15 不同时期各地区生态保护修复支出占比

3.4.4 类型结构

重点分析 2017 年不同地区间生态保护修复支出类型结构的差异性，如图 3-16 所示，省份差异将在第 4 章详细介绍。

2017 年，我国东部、中部、西部地区生态保护修复支出以城镇、森林、水土保持及生态支出为主，东北地区则以森林、水土保持及生态支出为主。具体来看，2017 年东部地区的城镇生态保护修复支出占比最高，为 38.4%，其次为水土保持及生态、森林支出，占比分别为 31.3%、23.2%，重点生态功能区支出占比为 3.1%，其余类型支出占比大多低于 1%。

中部地区的城镇生态保护修复支出占比也最高，为 38.7%，其次为森林、水土保持及生态支出，占比分别为 25.8%、23.6%，重点生态功能区支出占比为 6.7%，其他类型支出占比相对较低，为 0.3%~1.9%。

西部地区的森林、城镇、水土保持及生态三种类型支出占比相对均衡，分别为 29.0%、23.9%、25.5%，重点生态功能区支出占比高于东部、中部、东北地区，为 10.5%，农田支出占比为 5.5%，其余类型支出占比为 0.4%~1.8%。

东北地区的森林生态保护修复支出占比最高，为 50.6%，其次是水土保持及生态支出，占比为 20.2%，城镇、重点生态功能区支出占比相当，分别为 10.8%、9.2%，农田支出占比为 4.8%，其余类型支出占比相对较低，为 0.1%～2.1%。

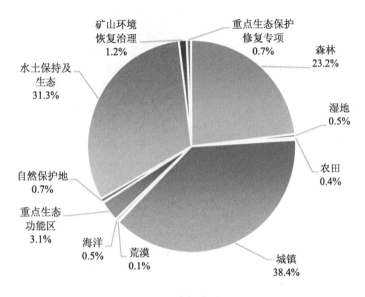

a. 东部地区

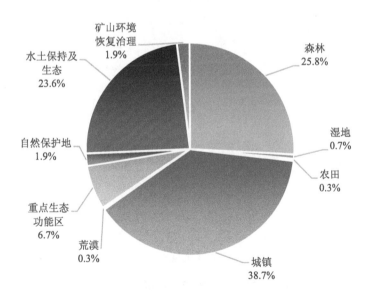

b. 中部地区

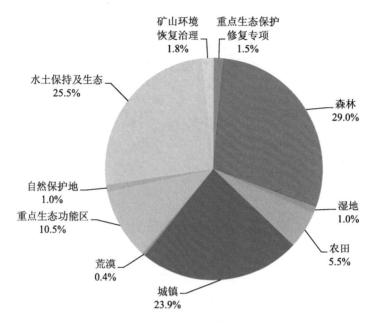

c. 西部地区

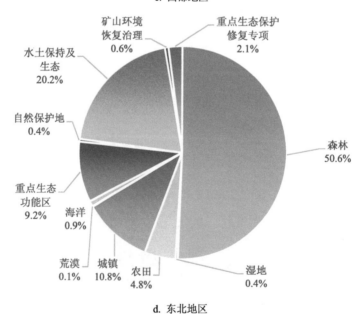

d. 东北地区

图 3-16 2017 年我国不同地区生态保护修复支出类型结构差异

3.5　支出与经济数据关联性分析

3.5.1　支出占 GDP 比重

中华人民共和国成立以来，全国生态保护修复支出总量占 GDP 的比重呈增长趋势，并具有明显的阶段特征。1953—1997 年，全国生态保护修复支出占 GDP 比重在 0.11%以下，较为平稳；1998 年开始全国生态保护修复支出占 GDP 的比重第一次呈现出快速增长趋势，并首次增加到 0.18%，2003 年达到峰值 0.61%，2004—2007 年略有下降，维持在 0.59%～0.61%；2008 年开始全国生态保护修复支出占 GDP 比重第二次呈现出迅速增长趋势，由 2008 年的 0.67%快速增长到 2012 年的峰值 1.30%，2013—2017年有所下降，维持在 1.11%～1.26%（图 3-17）。

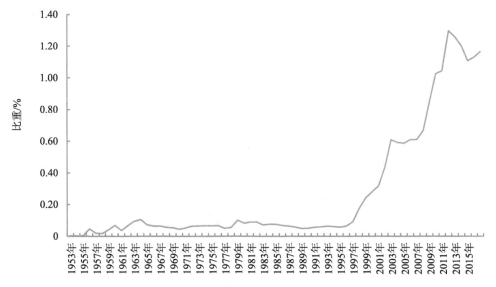

图 3-17　1953—2017 年全国生态保护修复支出占 GDP 比重

进一步分析我国不同地区间生态保护修复支出占 GDP 比重的差异性，如图 3-18所示。1987—2017 年，我国东部、中部、西部、东北地区生态保护修复支出占 GDP比重的总体变化趋势与全国基本一致，但各地区的差距随时间的变化而变大，尤其是西部地区自 1991 年以来支出占 GDP 比重高于其他三个地区。具体来看,最初的 1987—1997 年,各地区支出占 GDP 比重均低于 0.10%,但大多以西部地区生态保护修复支出占 GDP 比重最高;1998—2005 年,西部地区生态保护修复支出占 GDP 比重明显高于其他三个地区,截至 2005 年增加到 0.66%,其次是东北和东部地区,二者差距不大,截至 2005 年分别增加到 0.35% 和 0.33%,中部地区最低,截至 2005 年增加到 0.29%;2006—2017 年,西部地区生态保护修复支出占 GDP 比重仍明显高于其他三个地区,中部地区生态保护修复支出占 GDP 比重逐渐增加并于 2007 年上升至第二位,东北地区除 2006 年和 2014 年外,生态保护修复支出占 GDP 比重均仅次于中部地区,东部地区多数年份支出占 GDP 比重最低。2017 年,西部、中部、东北、东部地区生态保护修复支出占 GDP 比重依次为 2.01%、1.14%、0.86%、0.68%。

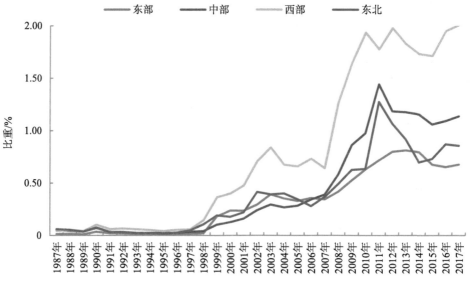

图 3-18   1987—2017 年不同地区生态保护修复支出占 GDP 比重

3.5.2 支出相对于 GDP 的弹性系数

进一步分析全国生态保护修复支出总量相对于 GDP 的弹性系数（支出总量增速相对于 GDP 增速的比值）,结果表明:1954—1980 年弹性系数波动性最大,尤其是受《1956 年到 1967 年全国农业发展纲要（草案）》提出"发展林业,绿化一切可能绿化的荒地荒山"的政策驱动影响,1954—1963 年弹性系数变化最为剧烈,并先后在 1956 年、1960 年、1963 年达到峰值;随后国家持续加大森林生态保护修复投入力度,弹性系数在 1968 年、1972 年、1979 年分别再次达到峰值。1981—1995 年弹性系数整体变化较为平稳,基本在 1 上下波动,且多数为小于 1;1996—2003 年,弹性系数逐渐增加到大于 1,尤其是受国家启动实施天然林资源保护、退田还湖等各类生态保护修复工程的影响,弹性系数先后在 1998 年和 2002 年再次达到顶峰。2004 年以后弹性系数的整体变化较为平稳,基本在 1 上下波动,其中 2004—2005 年、2013—2015 年弹性系数略小于 1,2009—2012 年、2016—2017 年弹性系数略大于 1(图 3-19)。

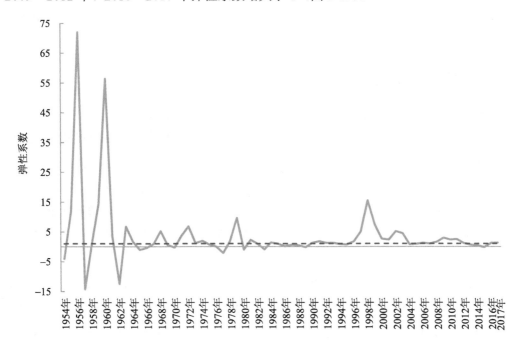

图 3-19　1954—2017 年生态保护修复支出相对于 GDP 的弹性系数

总体来看,1954—2017 年全国生态保护修复支出总量不断增加,支出增速在一半以上的时间均超过 GDP 增速,但支出总量相对于 GDP 的弹性系数波动性较大,表明当前支出受生态保护政策影响较大,仍未形成生态保护修复支出的长效机制。

3.6 非政府支出试算结果

截至 2018 年 9 月 30 日，全国生态建设与环境保护 PPP 项目共 1 054 个，占全部 PPP 项目总数的比例为 8.39%，仅次于市政工程、交通运输行业；项目投资额为 11 038.36 亿元，占全部 PPP 项目投资额的比例为 6.35%，位列全部行业领域第四。由于生态建设和环境保护 PPP 项目实际上包括了生态保护修复和环境保护两类，其下属二级行业有湿地公园、水环境治理、河道治理、生态建设、生态修复与保护等。本书依据项目建设目的和资金用途，进行项目筛选归类，仅保留与生态保护修复支出相关的项目。

3.6.1 非政府总支出

按项目发起时间计，2013—2018 年涉及生态保护修复的 PPP 项目总支出呈上涨趋势（图 3-20），2013 年为探索阶段，2014 年开始起步，2015—2016 年迅速增长，2017 年翻番达到峰值，总支出为 9 333.1 亿元，2018 年项目总金额下降，总支出为 572.7 亿元，主要原因是入库项目数减少。从支出构成来看，非政府支出占比平均在 90% 以上，经常性支出大于资本性支出；非政府资本性支出中，非金融企业主要通过向金融企业融资的方式进行投入，一定程度上反映出生态环保与建设项目投资额巨大，金融企业的支持不可或缺。

实际上，生态保护修复支出 PPP 项目资金并不是在项目发起时一次性支出的，而是分摊到整个项目执行期。对非政府部门，一般在建设期内主要支出建设资金，形成固定资产，为资本性支出；在运营期主要支出运营费用，为经常性支出。根据项目建设期和运营期时间，将资本性支出和经常性支出按比例分摊到各年度，得到 2013—2018 年生态保护修复非政府实际支出（图 3-21）。结果表明，非政府支出在项目总支出中仍然占有绝对比重，在 95% 以上；非政府支出及各分项支出呈逐年上升趋势，增长模式表现为探索期的低速增长、2015 年之后的迅速扩张，再到 2018 年以来的略有降温，非政府支出总额为 1 619.2 亿元；随着 PPP 项目热度的提高，资本性支出在 2017 年达到最高；随着越来越多的项目开始逐步进入运营期，经常性支出在最近一年表现出快速增加；同样，项目建设资金主要来自融资。

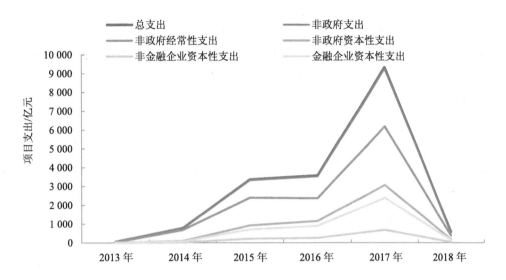

图 3-20 按发起时间计的生态保护修复 PPP 项目支出

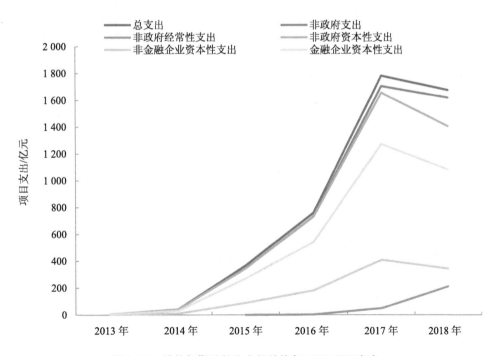

图 3-21 按执行期计的生态保护修复 PPP 项目支出

在 PPP 项目建设完成之后，根据项目不同的付费机制，分为三种收益回报机制，主要包括政府付费，即政府直接付费购买公共产品和服务；使用者付费，即最终消费者（社会公众或者企业）直接付费购买公共产品和服务；可行性缺口补助，即使用者付费不足以满足社会资本或项目公司成本和合理回报，由政府以财政补贴、股本投入、优惠贷款和其他优惠政策，给予企业或者项目公司经济补助。从支出的回报机制来看（图 3-22 和图 3-23），政府付费和可行性缺口补助项目的总支出和非政府支出差异不大，而使用者付费项目支出明显较低，这说明从"负担者"角度来看，当前我国 PPP 项目涉及的生态保护修复支出实际仍主要由政府承担和付费，企业和公众等生态保护产品的使用者并没有或较少有付费。

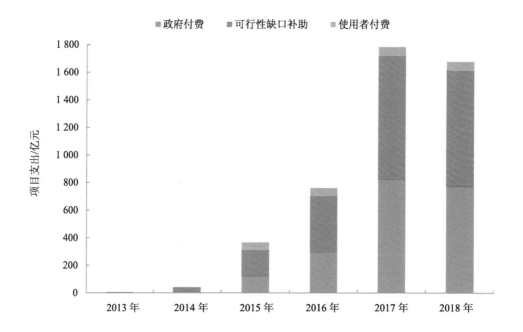

图 3-22 按回报机制分的生态保护修复 PPP 项目总支出

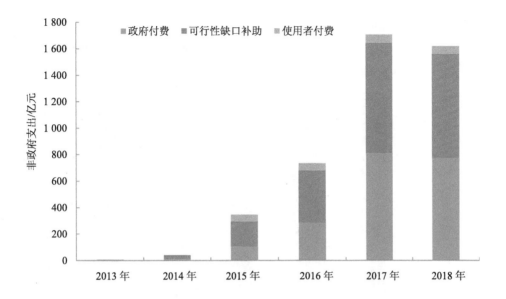

图 3-23 按回报机制分的生态保护修复 PPP 项目非政府支出

3.6.2 非政府支出类型

按照全国账户中的支出类型进行归类，分析生态保护修复 PPP 项目中的支出类型结构，如图 3-24 所示。2013—2018 年，生态保护修复 PPP 项目支出总体上以其他[①]、湿地支出为主。具体来看，2013—2014 年其他支出占比最高，分别为 79.4% 和 73.0%，其次为城镇支出，占比分别为 20.6% 和 21.1%，2014 年开始新增湿地类型，但支出占比较低，仅 6.0%；2015—2016 年，湿地支出占比明显增加，分别为 43.9% 和 40.0%，同时其他支出占比有所降低，分别为 43.8% 和 46.9%；2017—2018 年，湿地支出占比出现下降，分别为 25.4% 和 23.0%，同时其他支出占比明显上升，分别为 65.5% 和 68.4%。

---

① "其他"指难以准确归为某种单一生态系统保护修复类型的支出。

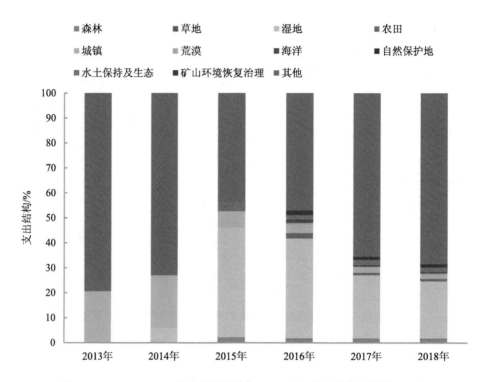

图 3-24　2013—2018 年生态保护修复 PPP 项目总支出类型结构

3.6.3　非政府支出地区差异性

2013—2018 年，各地区生态保护修复支出 PPP 项目总支出和非政府支出差异较大，如图 3-25 所示。生态保护修复支出 PPP 项目总支出和非政府支出较高、排名前十的省份为河南、湖北、吉林、山东、江西、贵州、四川、内蒙古、河北、北京，新疆、青海、海南、宁夏、广东、黑龙江、甘肃、重庆、上海则相对较低，支出最高的省份是支出最低省份的 191 倍多（图 3-25）。

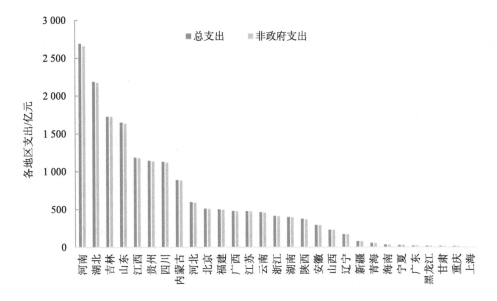

图 3-25　生态保护修复支出 PPP 项目支出总额地区分布

3.7　支出与环保投资比较分析

以 2017 年为例,将生态保护修复支出和环境保护投资进行比较分析,重点从"负担者"角度对比二者的企业支出比例。

根据《中国统计年鉴 2018》[38],2017 年全国环保投资总额为 9 539.0 亿元,占当年 GDP 的比例为 1.15%,略低于当年生态保护修复支出。其中,城镇环境基础设施建设投资为 6 085.7 亿元,工业污染源治理投资为 681.5 亿元,当年完成环境保护验收项目环保投资 2 771.7 亿元,占当年环保投资总额的比例分别为 63.8%、7.1%、29.1%。已有研究指出,目前的环保投资口径虚化严重,城镇环境基础设施建设投资中的内容是否全部为环境保护投资争议较大,其中的燃气、集中供热、园林绿化等虽然具有一定的环境效益,但其主要目的并非环境保护,与环境污染治理关系较为间接[37]。因此,这里主要关注现行环境保护投资中与环境污染治理关系密切的后两项投资的企业投资比例。按照"负担者"原则核算,2017 年当年完成环境保护验收项目环保投资的投资主体为企业;已有研究表明,2006—2010 年企业投资占工业污染源治理全部投资的比例在 95%左右[43]，据此估算 2017 年工业污染源治理投资中的企业投资约 647.4 亿元，因此可以粗略估计 2017 年与环境污染治理密切相关的后两项环境保护投资中，企业投资比例约为 99.0%。

2017 年，全国生态保护修复支出总量为 9 571.5 亿元，其中政府支出比例约为 56.8%，企业支出比例约为 42.1%。企业支出主要涉及森林、湿地、城镇、自然保护地、水土保持及生态、矿山环境恢复治理六类，其中企业对水土保持及生态领域的支出贡献最高，约为 68%，且 95.3%来自企业生产建设项目水土保持方案投资；企业对城镇、矿山环境恢复治理的支出贡献也较高，分别为 57.8%和 59.4%，其余类型的企业支出占比相对较小。

2017 年，按项目执行期统计的全国 PPP 项目生态保护修复总支出和非政府支出分别为 1 783.2 亿元和 1 705.6 亿元，即生态保护修复 PPP 项目支出主要以非政府支出为主，占比为 95.6%；但按回报机制（负担者原则），所有生态保护修复支出 PPP 项目的使用者付费支出占比非常低，仅占非政府全部支出的 3.7%，也就是说 96.3%的生态保护修复 PPP 项目支出最终仍由政府通过付费和可行性缺口补助两种方式来承担。

综上所述，目前按照"负担者"原则来看，我国与环境污染治理密切相关的环境保护投资以企业为主，投资比例达到 99.0%，基本体现了"谁污染、谁治理"的原则。而生态保护修复支出仍以政府支出为主，虽然目前已有市场主体参与到生态保护修复支出中，但最终仍由政府"买单"，尚未实现真正意义的"谁破坏、谁修复"。

3.8 本章总结

（1）支出总量。中华人民共和国成立以来，全国生态保护修复支出总量不断增加，尤其自 1996 年开始呈指数增长态势，2017 年支出总量增加到 9 571.5 亿元，是 1953 年支出的近 28 万倍，支出占 GDP 的比例为 1.2%。从不同时期来看，1996—2000 年、2001—2005 年 2 个时期累计支出增加较快，分别是上一时期的 6 倍和 5 倍。森林、城镇、水土保持及生态三类支出对总支出增长发挥了巨大带动作用。

（2）支出结构。支出类型结构不断丰富完善，已由最初森林支出独大（98.6%），逐渐转变为 2017 年的森林（29.4%）、城镇（25.5%）、水土保持（27.3%）三类并重，与其他各类型支出互为补充、较为系统完善的支出体系。从不同时期来看，1986—1990 年以前主要以森林支出为主,1991—1995 年和 1996—2000 年 2 个时期主要以城镇支出为主,2001—2005 年主要以城镇、森林支出为主,2006—2017 年,主要以城镇、水土保持及生态、森林三类支出为主。

（3）地区差异。1987—2017 年,我国西部地区和东部地区累计支出占比相对较高,分别为 36.7%和 35.1%,其次是中部地区,东北地区最低。从单位国土面积累计支出来看,东部地区最高,为 260.2 万元/km²,其次为中部地区、东北地区,西部地区最低。从支出类型结构来看,东北地区主要以森林、水土保持及生态支出为主;东部地区、中部地区、西部地区主要以城镇、森林、水土保持及生态支出为主。

（4）经济关联分析。中华人民共和国成立以来,全国生态保护修复支出总量占 GDP 比例呈稳定快速增长趋势,1953—1997 年维持在 0.11%及以下,1998—2003 年和 2008—2012 年分别有两次持续快速增长期,2012 年达到最高值为 1.30%,2013—2017 年下降至 1.11%~1.26%。1991 年以来西部地区支出占 GDP 比例均高于东部地区、中部地区、东北地区。支出总量相对于 GDP 的弹性系数波动性较大,支出增长受生态保护政策驱动影响较大。

（5）非政府支出。2013—2018 年涉及生态保护修复的 PPP 项目总支出呈上涨趋势,从直接投资构成看主要以非政府支出为主,占比为 95.6%;但按项目回报机制（"负担者"原则）看,96.3%的支出最终仍由政府通过付费和可行性缺口补助两种方式来承担。支出类型结构主要以其他、湿地为主。

（6）与环境保护投资比较。按"负担者"原则来看,我国生态保护修复支出仍以政府为主,企业支出占比仅为 42.1%,远低于当前的企业环境保护投资比例（99.0%）。虽然近年来通过 PPP 项目实施,已有部分市场主体参与到生态保护修复中,但涉及生态保护修复的 PPP 项目支出最终仍由政府"买单",尚未真正实现"谁破坏、谁修复"。

第4章
分地区生态保护修复支出及其变化

4.1 东部地区

4.1.1 账户列报

1987—2017 年，东部地区生态保护修复累计支出为 23 784.5 亿元，其中单一生态系统保护修复累计支出为 17 797.6 亿元，占比为 74.8%，生态系统整体性保护修复累计支出为 6 042.0 亿元，占比为 25.3%。2017 年，东部地区生态保护修复支出约为 3 100.4 亿元，其中单一生态系统保护修复支出为 1 910.5 亿元，占比为 61.6%，生态系统整体性保护修复支出为 1 189.9 元，占比为 38.4%（表 4-1）。

表 4-1　1987—2017 年东部地区生态保护修复现状和累计支出

支出类型	累计支出/亿元	比例/%	2017 年支出/亿元	比例/%
1. 单一生态系统保护修复	17 797.6	74.8	1 910.5	63.0
1.1 森林	5 508.5	23.2	703.6	23.2
1.2 草地	—	—	—	—
1.3 湿地	153.4	0.6	14.3	0.5
1.4 农田	21.8	0.1	11.3	0.4
1.5 城镇	12 081.7	50.8	1 162.5	38.4
1.6 荒漠	5.2	0.0	2.1	0.1
1.7 海洋	26.9	0.1	16.6	0.5
2. 生态系统整体性保护修复	5 986.9	25.2	1 119.8	37.0
2.1 重要（点）生态功能区	407.4	1.7	94.3	3.1

支出类型	累计支出/亿元	比例/%	2017 年支出/亿元	比例/%
2.2 自然保护地	203.1	0.9	20.6	0.7
2.3 水土保持及生态	4 916.9	20.7	947.3	31.3
2.4 矿山环境恢复治理	419.5	1.8	37.5	1.2
2.5 重点生态保护修复专项	40.0	0.2	20.0	0.7
合计（1+2）	23 784.5	100.0	3 030.3	100.0

注："—"表示无分地区数据。

4.1.2　支出总量及其变化

4.1.2.1　总体变化特征

1987—2017 年，东部地区生态保护修复支出总量不断增加，近 30 年累计支出 23 784.5 亿元，2017 年支出总量为 3 030.3 亿元，约是 1987 年的 4 378 倍。具体来看，1987 年支出总量仅为 0.7 亿元，1998 年增加到 9 亿元，是 1987 年的约 13 倍；1999 年支出总量大幅提高，增加到 85.8 亿元，是 1998 年的约 9.5 倍；2000 年支出总量增加到 125.7 亿元，首次突破 100 亿元，是 1999 年的约 1.5 倍；2009 年支出总量增加到 1 035.0 亿元，首次突破 1 000 亿元，是 2000 年的约 8 倍；2012 年支出总量增加到 2 369.5 亿元，首次突破 2 000 亿元，是 2009 年的约 2 倍；之后支出增长放缓，2017 年支出总量增加到 3 030.3 亿元，首次突破 3 000 亿元（图 4-1）。

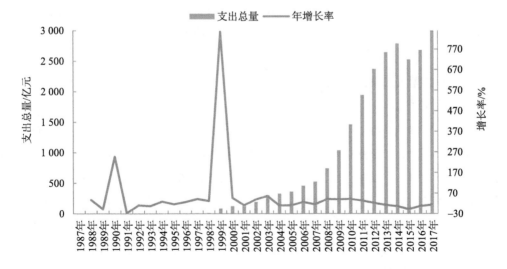

图 4-1　1987—2017 年东部地区生态保护修复支出总量及其变化

从支出年增长率来看，除 1990 年和 1998 年支出增长率较高、个别年份为负外，其余年份主要维持在 5.4%～55.6%，平均在 24.9%左右。具体来看，1990 年国家加大森林生态保护修复力度，支出增长率达到历史第一高点，为 246.4%；随后支出增长率有所下降，1992—1998 年维持在 7.0%～41.2%；1999 年受城镇支出快速增加的影响，支出增长率达到历史第二高点，为 853.2%；之后支出增速有所放缓，除 2015 年支出增长率为负值外，其余年份均维持在 5.4%～55.6%（图 4-1）。

4.1.2.2　分阶段变化特征

进一步按不同规划建设时期分析支出总量的分阶段特征。1987—1990 年支出总量和年均支出均最低，分别为 5.5 亿元、1.4 亿元。1991—1995 年开始各个时期支出总量相比上一时期均成倍增长，尤其是 1996—2000 年支出增速最快，增长率达到 1 524.1%。

具体来看，1991—1995 年支出总量增加到 14.3 亿元，首次突破 10 亿元，年均支出 2.9 亿元，是上一时期的 2 倍多，增长率为 107.3%；1996—2000 年支出总量迅速增加到 232.2 亿元，首次突破 200 亿元，年均支出 46.4 亿元，是上一时期的 16 倍多，支出增长率达到最高值，为 1 524.1%；2001—2005 年支出总量增加到 1 326.2 亿元，首次突破 1 000 亿元，年均支出 265.2 亿元，是上一时期的近 6 倍，支出增长率高达 471.3%；2006—2010 年支出总量增加到 4 225.7 亿元，年均支出 845.1 亿元左右，是上一时期的 3 倍多，支出增长率降至 218.6%；2011—2015 年支出总量增加到 12 269.8 亿元，首次突破 1 万亿元，年均支出 2 454.0 亿元，是上一时期的近 3 倍，支出增长率为 190.4%；2016—2017 年支出总量 5 710.8 亿元，年均支出 2 855.4 亿元，支出增长率下降到 16.4%（图 4-2 和图 4-3）。

4.1.2.3　各类型支出增加贡献率

（1）规划时期内

进一步分析东部地区不同支出类型对各个规划时期内支出增加（期末相对期初增加量）的贡献程度，结果表明：1987—1990 年和 1991—1995 年，几乎全部为森林支出带动总支出增加，贡献率分别为 99.2%和 97.5%；1996—2010 年，则主要以城镇支出为主带动总支出增加，贡献率分别为 88.3%、66.2%、57.1%，其次为森林或水土保持及生态支出的带动作用，其中 2001—2005 年森林支出增加的贡献率为 25.7%，2006—2010 年水土保持及生态支出增加的贡献率为 32.7%。总体来看，上述各个时期主要以城镇或森林单一类型支出带动总支出增长。

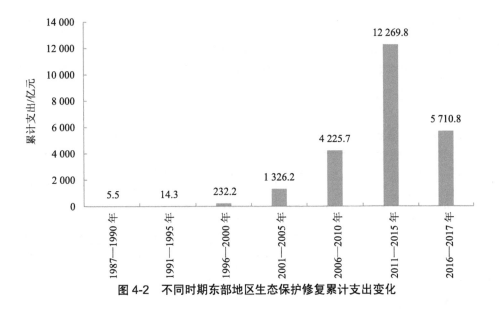

图 4-2　不同时期东部地区生态保护修复累计支出变化

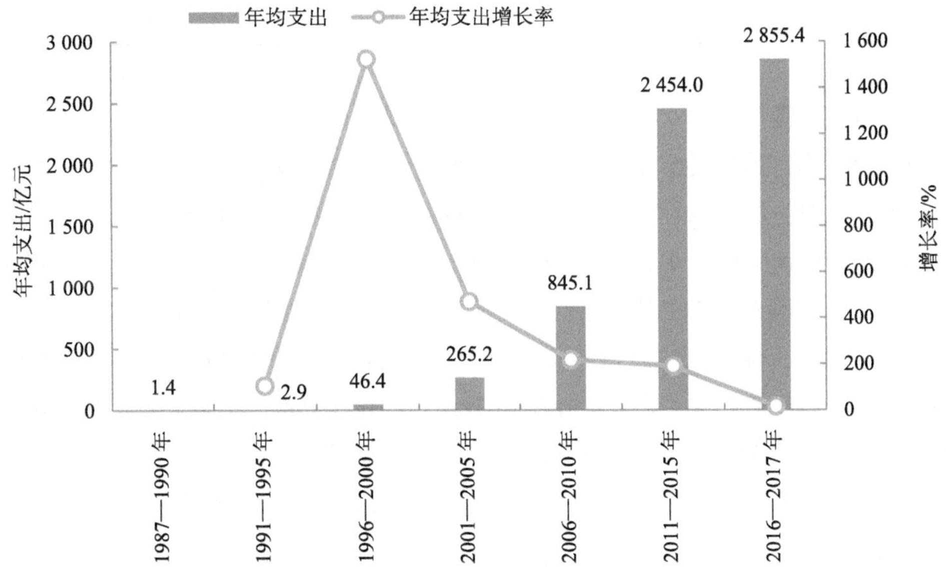

图 4-3　不同时期东部地区生态保护修复年均支出及增长率变化

2011—2015 年，主要以水土保持及生态、森林两种类型支出带动总支出增加，贡献率分别为 45.2%、32.4%，而城镇支出增加的贡献率降至 6.9%。2016—2017 年，主要以水土保持及生态支出带动总支出增加，贡献率提升至 67.4%，同时城镇支出增加的贡献率回升至 28.1%（表 4-2）。

表 4-2　东部地区各支出类型对不同规划时期内总支出增加的贡献率　　单位：%

时期	森林	湿地	农田	城镇	荒漠	海洋	重点生态功能区	自然保护地	水土保持及生态	矿山环境恢复治理
1987—1990 年	99.2	0.0	0.0	0.0	0.0	0.0	0.0	0.8	0.0	0.0
1991—1995 年	97.5	0.0	0.0	0.0	0.0	0.0	0.0	2.5	0.0	0.0
1996—2000 年	11.5	0.0	0.0	88.3	0.0	0.0	0.0	0.2	0.0	0.0
2001—2005 年	25.7	0.0	0.0	66.2	0.0	0.0	0.0	2.0	0.0	6.0
2006—2010 年	6.5	0.8	0.0	57.1	0.0	0.0	1.5	0.4	32.7	1.0
2011—2015 年	32.4	2.2	0.0	6.9	0.1	0.0	8.3	1.5	45.2	3.4
2016—2017 年	-2.2	-1.2	0.3	28.1	-0.1	1.8	2.8	-0.4	67.4	3.6

（2）规划时期间

重点分析东部地区各支出类型对不同规划时期间累计支出增加（相对上一时期累计支出的增加量）的贡献程度，结果表明：1991—1995 年主要以森林支出为主带动累计支出增加，贡献率高达 97.7%。1996—2000 年、2001—2005 年、2006—2010 年 3 个时期则主要以城镇支出为主带动累计支出增加，贡献率分别为 83.3%、75.3%、60.3%，其次是森林或水土保持及生态两类支出的带动作用，1996—2000 年、2001—2005 年 2 个时期森林支出增加的贡献率分别为 16.5%、20.3%，2006—2010 年水土保持及生态支出增加的贡献率为 21.1%。2011—2015 年主要以城镇、森林、水土保持及生态三种类型支出为主带动累计支出增加，贡献率相差不大，分别为 39.3%、30.8%、25.3%（表 4-3）。

表 4-3　东部地区各支出类型对不同规划时期间累计支出增加的贡献率　　单位：%

时期	森林	湿地	城镇	荒漠	重点生态功能区	自然保护地	水土保持及生态	矿山环境恢复治理
1991—1995 年	97.7	0.0	0.0	0.0	0.0	2.3	0.0	0.0
1996—2000 年	16.5	0.0	83.3	0.0	0.0	0.2	0.0	0.0
2001—2005 年	20.3	0.0	75.3	0.0	0.0	1.3	0.0	3.1
2006—2010 年	12.6	0.8	60.3	0.0	0.7	1.3	21.1	3.1
2011—2015 年	30.8	0.9	39.3	0.01	2.3	0.5	25.3	0.9

注：仅分析完整的五年规划时期。

4.1.3　支出类型结构及其变化

4.1.3.1　总体变化特征

1987 年以来，东部地区生态保护修复支出类型和结构不断优化和完善。由最初 1987 年的几乎全部为森林支出（98.0%）转变为向不同要素及重点区域倾斜。具体来看，1987—1998 年几乎全部为森林支出，平均占比为 98%；1999—2007 年转变为以城镇支出为主，最初城镇支出占比高达 87.2%，随后略有下降， 2007 年降至 74.2%，同时森林支出占比快速下降，仅在 12.7%~22.4%；2008—2017 年转变为以城镇、水土保持及生态、森林支出为主，其中城镇支出占比在 38.4%~64.2%，且呈持续下降趋势，水土保持及生态支出占比在 15.5%~31.3%，森林支出占比在 10.9%~26.5%，且均呈逐渐上升趋势（图 4-4）。

截至 2017 年，生态保护修复支出呈城镇（38.4%）、森林（23.2%）和水土保持及生态（31.3%）支出为主，重点生态功能区（3.1%）、矿山环境恢复治理（1.2%）、自然保护地（0.7%）、重点生态保护修复专项（0.7%）、湿地（0.5%）、海洋（0.5%）、农田（0.4%）荒漠（0.1%）等各类型支出为补充的总体结构（图 4-5）。

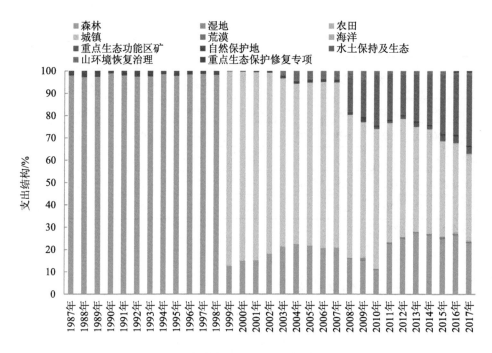

图 4-4　1987—2017 年东部地区生态保护修复支出结构变化

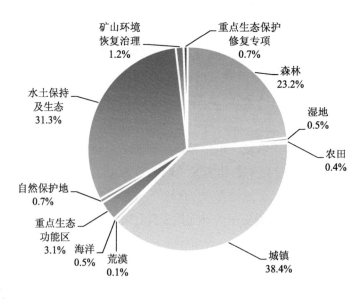

图 4-5　2017 年东部地区生态保护修复支出结构

4.1.3.2　分阶段变化特征

从不同时期来看，1987—1990 年和 1991—1995 年主要以森林支出为主，占比分别高达 98.3%、97.9%，自然保护地支出比例较低，仅分别为 1.7%、2.1%。1996—2000 年、2001—2005 年、2006—2010 年 3 个时期主要以城镇支出为主，占比分别为 78.2%、75.8%、65.1%，同时森林支出占比快速下降，三个时期分别为 21.5%、20.5%、15.1%。

2011—2015 年和 2016—2017 年主要以城镇、森林、水土保持及生态支出为主，且三者支出占比的差距逐渐缩小，其中城镇支出占比最高，2 个时期分别为 48.2%、39.0%，森林支出占比分别为 25.4%、24.8%，水土保持及生态支出占比分别为 21.6%、29.0%（图 4-6）。

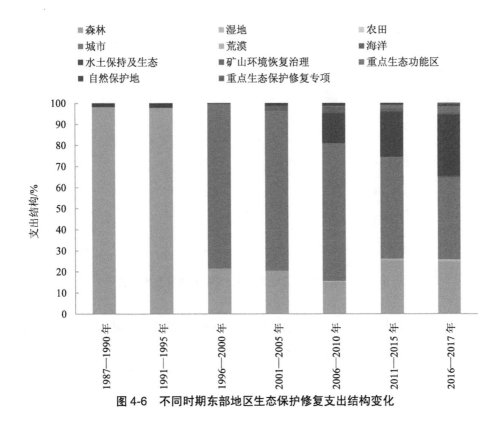

图 4-6　不同时期东部地区生态保护修复支出结构变化

4.1.4 支出地区差异分析

4.1.4.1 现状支出

2017 年，东部地区各省生态保护修复支出总量从大到小依次为北京、山东、江苏、浙江、河北、福建、广东、天津、上海、海南，最高的是最低的 7.1 倍。具体来看，支出总量最高的为北京，已超过 500 亿元，占东部地区总支出比例 17.1%；支出总量在 400 亿～500 亿元的为山东、江苏、浙江 3 省，占比分别为 15.2%、14.1%、13.4%；支出总量在 300 亿～350 亿元的为河北、福建、广东 3 省，占比分别为 11.0%、10.7%、10.5%；支出总量低于 100 亿元的为天津、上海、海南 3 省，占比不足 3%（图 4-7）。

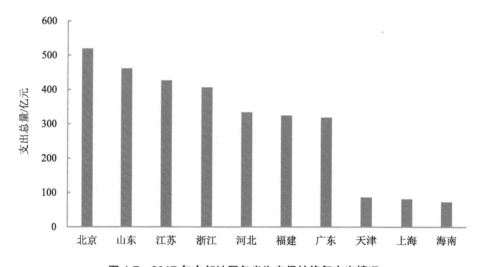

图 4-7 2017 年东部地区各省生态保护修复支出情况

2017 年，东部地区各省单位国土面积生态保护修复支出差异较大，最高的是最低的 17.7 倍。具体来看，最高的是北京，单位国土面积支出为 316.4 万元/km²；其次是上海，单位国土面积支出为 127.9 万元/km²，第三是天津，单位国土面积支出为 72.5 万元/km²；江苏、浙江、山东、福建、海南、广东、河北 7 省单位国土面积支出均低于 50 万元/km²（图 4-8）。

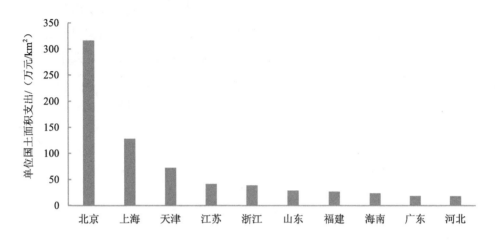

图 4-8　2017 年东部地区各省（市）单位国土面积生态保护修复支出情况

4.1.4.2　累计支出

1987—2017 年，东部地区各省生态保护修复累计支出从大到小依次为江苏、山东、北京、浙江、河北、福建、广东、上海、天津、海南，最高的是最低的 10.4 倍。具体来看，累计支出较高且超过 4 000 亿元的为江苏、山东 2 省，占东部地区累计支出的比例分别为 19.5%、18.1%；累计支出在 2 000 亿～3 100 亿元的为北京、浙江、河北、福建、广东 5 省，占比分别为 12.7%、12.0%、11.7%、9.1%、9.0%；累计支出在 400 亿～900 亿元的为上海、天津、海南 3 省（市），占比分别为 3.5%、2.6%、1.9%（图 4-9）。

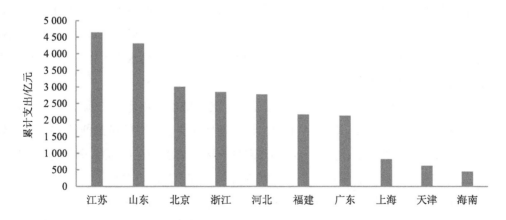

图 4-9　1987—2017 年东部地区各省（市）生态保护修复累计支出情况

1987—2017 年，东部地区各省单位国土面积生态保护修复累计支出差异较大，最高的是最低的 15 倍。具体来看，较高的为北京、上海，单位国土面积累计支出分别为 1 835.7 万元/km²、1 295.6 万元/km²，均超过 1 000 万元/km²；其次是天津、江苏、浙江、山东 4 省（市），单位国土面积累计支出在 272.6 万～525.4 万元/km²；福建、河北、海南、广东 4 省单位国土面积累计支出均低于 200 万元/km²（图 4-10）。

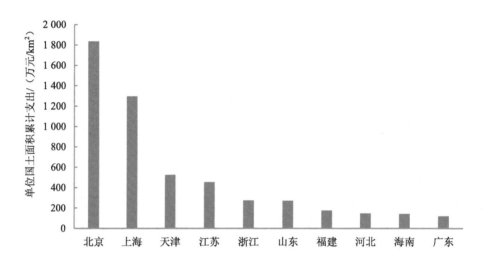

图 4-10　1987—2017 年东部地区各省（市）单位国土面积生态保护修复累计支出情况

4.1.4.3　分阶段支出

重点分析东部地区各省分时期生态保护修复累计支出比例的差异，结果表明，最初各省累计支出差异相对较大，但随着时间推移这一差距逐渐缩小，支出最高与最低的比值由最初的 17.8 降低至 7.0；支出占比超过整个地区平均水平（10%）的省份个数由最初的 3 个增加到 7 个。

具体来看，1987—1990 年，累计支出从大到小依次为福建、广东、河北、北京、浙江、山东、海南、天津、江苏、上海。该时期累计支出最高的是最低的 17.8 倍，仅福建、广东、河北 3 省累计支出占比超过东部地区平均水平（10%），分别为 24.0%、21.7%、19.4%；其余各省累计支出占比相对较低，在 1.3%～9.3%。

1991—1995 年，累计支出从大到小依次为北京、福建、广东、海南、河北、山东、天津、浙江、江苏、上海。该时期累计支出最高的是最低的 13.3 倍，差距进一步缩小，北京、福建、广东、海南 4 省（市）支出占比超过东部地区平均水平（10%），分别为 20.6%、19.7%、13.0%、11.4%；其余各省（市）累计支出占比相对较低，在 1.5%～9.4%。

1996—2000 年，累计支出从大到小依次为浙江、上海、河北、山东、广东、北京、江苏、福建、海南、天津。该时期累计支出最高的是最低的 9.9 倍，差距进一步缩小，浙江、上海、河北、山东 4 省（市）支出占比超过东部地区平均水平（10%），分别为 21.9%、19.3%、13.4%、13.0%；其余各省（市）累计支出占比相对较低，在 2.2%～8.6%。

2001—2005 年，累计支出从大到小依次为江苏、山东、浙江、上海、河北、北京、广东、天津、福建、海南。该时期累计支出最高的是最低的 18.1 倍，差距比上一时期增大近 1 倍，江苏、山东、浙江、上海、河北 5 省（市）支出占比超过东部地区平均水平（10%），分别为 23.2%、17.8%、14.3%、13.6%、12.3%；其余各省（市）累计支出占比相对较低，在 1.3%～6.5%。

2006—2010 年，累计支出从大到小依次为江苏、山东、河北、北京、浙江、广东、福建、上海、天津、海南。该时期累计支出最高的是最低的 20 倍，差距与上一时期持平，江苏、山东、河北、北京 4 省（市）支出占比超过东部地区平均水平（10%），分别为 26.8%、18.7%、14.9%、10.1%；其余各省（市）累计支出占比相对较低，在 1.3%～9.4%。

2011—2015 年，累计支出从大到小依次为山东、江苏、北京、浙江、河北、福建、广东、天津、上海、海南。该时期累计支出最高的是最低的 10.5 倍，差距比上一时期缩小了一半，山东、江苏、北京、浙江、河北、福建 6 省（市）支出占比超过东部地区平均水平（10%），分别为 19.5%、19.3%、12.7%、11.4%、10.7%、10.3%；其余各省（市）累计支出占比相对较低，在 1.9%～9.1%。

2016—2017 年，累计支出从大到小依次为北京、山东、江苏、浙江、福建、河北、广东、上海、海南、天津。该时期累计支出最高的是最低的 7 倍，差距进一步缩小，北京、山东、江苏、浙江、福建、河北、广东 7 省（市）支出占比超过东部地区平均水平（10%），分别为 16.2%、15.1%、14.3%、14.1%、11.4%、11.2%、10.5%；其余各省（市）累计支出占比相对较低，在 2.3%～2.4%（表 4-4）。

表4-4　东部地区各省份分时期生态保护修复支出占比　　　　单位：%

省份	1987—1990年	省份	1991—1995年	省份	1996—2000年	省份	2001—2005年	省份	2006—2010年	省份	2011—2015年	省份	2016—2017年
福建	24.0	北京	20.6	浙江	21.9	江苏	23.2	江苏	26.8	山东	19.5	北京	16.2
广东	21.7	福建	19.7	上海	19.3	山东	17.8	山东	18.7	江苏	19.3	山东	15.1
河北	19.4	广东	13.0	河北	13.4	浙江	14.3	河北	14.9	北京	12.7	江苏	14.3
北京	9.3	海南	11.4	山东	13.0	上海	13.6	北京	10.1	浙江	11.4	浙江	14.1
浙江	7.2	河北	9.4	广东	8.6	河北	12.3	浙江	9.4	河北	10.7	福建	11.4
山东	6.0	山东	8.2	北京	7.4	北京	6.5	广东	7.4	福建	10.3	河北	11.2
海南	5.8	天津	6.8	江苏	6.8	广东	5.9	福建	5.0	广东	9.1	广东	10.5
天津	3.3	浙江	5.9	福建	4.0	天津	2.6	上海	3.9	天津	2.8	上海	2.4
江苏	2.0	江苏	3.7	海南	3.4	福建	2.5	天津	2.5	上海	2.4	海南	2.4
上海	1.3	上海	1.5	天津	2.2	海南	1.3	海南	1.3	海南	1.9	天津	2.3

4.1.4.4　支出结构差异

重点分析 2017 年东部地区各省支出结构差异，如图 4-11 所示。总体上看东部地区各省份支出结构仍主要以城镇、水土保持及生态、森林三类支出为主，但各省份有所差异，城镇支出占比最高的省份居多。

具体来看，城镇支出占比最高的主要有北京、上海、江苏、浙江、山东、海南 6 省（市），支出占比分别为 43.8%、45.3%、51.5%、46.0%、46.2%、30.1%，均超过 30%。其中，北京、山东 2 省（市）的森林支出占比居于第二位，分别为 37.0%、25.1%，水土保持及生态支出占比居于第三位，分别为 17.9%、20.2%；上海、江苏、浙江 3 省（市）的水土保持及生态支出占比居于第二位，分别为 37.0%、31.5%、33.2%，森林支出占比居于第三位，分别为 15.3%、13.5%、16.1%；海南的重点生态功能区（26.2%）、水土保持及生态（22.0%）支出占比分别居于第二位、第三位，且与城镇支出占比相差不大。

水土保持及生态支出占比最高的主要为福建、广东 2 省，支出占比分别为 52.4%、59.6%，均超过一半以上。其中福建的城镇支出占比（24.4%）居于第二位，森林支出占比（10.6%）居于第三位；广东的森林支出占比（22.1%）居于第二位，城镇支出占比（12.5%）居于第三位。

森林支出占比最高的主要有天津、河北 2 省（市），支出占比分别为 49.2%、30.6%。天津的城镇支出占比（43.9%）居于第二位；河北的城镇（29.9%）、水土保持及生态（24.3%）支出占比分别居于第二位、第三位，且与森林支出占比相差不大。

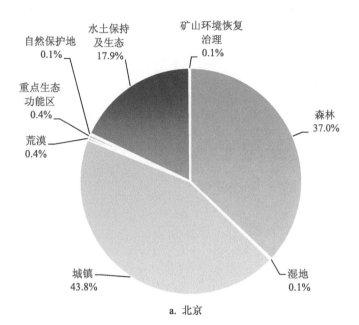

a. 北京

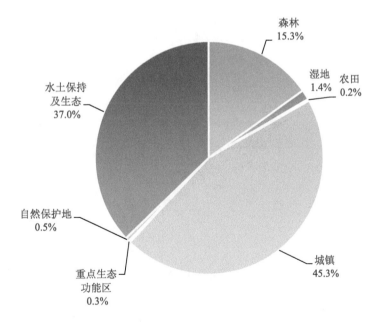

b. 上海

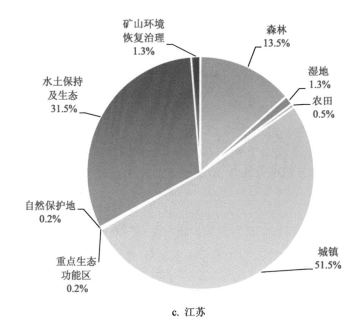

c. 江苏

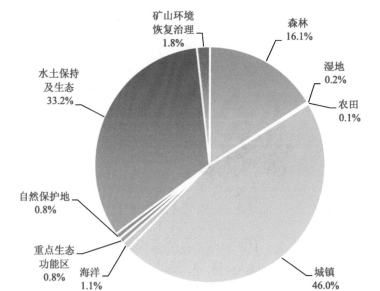

d. 浙江

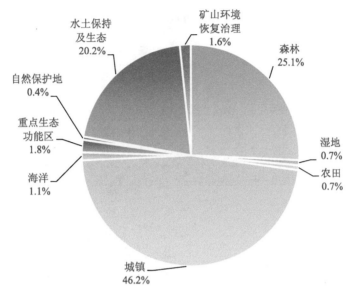

e. 山东

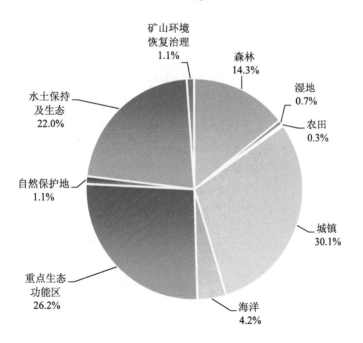

f. 海南

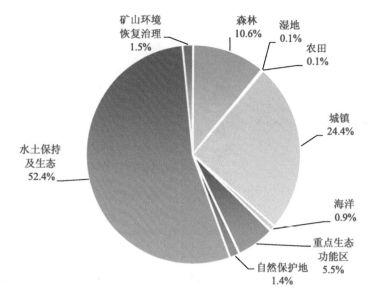

g. 福建

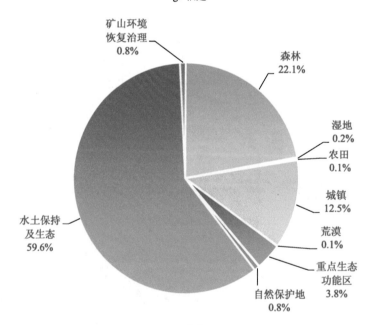

h. 广东

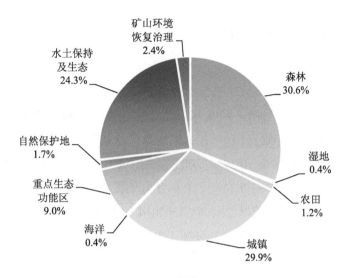

i. 河北

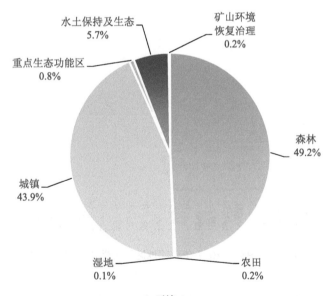

j. 天津

图 4-11　2017 年东部地区各省（市）生态保护修复支出结构

4.1.5 与经济数据关联性分析

4.1.5.1 支出占 GDP 比重

1987—2017 年，东部地区生态保护修复支出占 GDP 比重呈平稳较快增长趋势，并具有明显的阶段特征。1987—1998 年，支出占 GDP 比重较低且变化相对平稳，平均在 0.02%左右；1999 年开始支出占 GDP 比重第一次快速增长，并首次增加到 0.18%，2000—2002 年增加到 0.24%~0.29%，2003 年达到峰值 0.39%；随后的 2004—2007 年有所下降并平稳维持在 0.33%~0.36%；2008 年开始支出占 GDP 比重第二次持续快速增长，由 2008 年的 0.42%快速增长到 2012—2014 年的峰值 0.80%左右，随后的 2015—2017 年有所下降并维持在 0.65%~0.68%（图 4-12）。

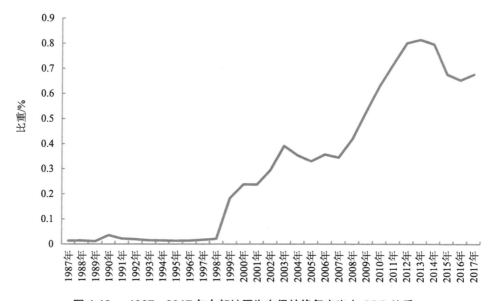

图 4-12　1987—2017 年东部地区生态保护修复支出占 GDP 比重

进一步分析 2017 年东部地区各省份生态保护修复支出占 GDP 比重的差异性，如图 4-13 所示。结果表明，较高的主要为北京、海南 2 省（市），支出占 GDP 比重分别为 1.85%、1.63%；其次是福建、河北、浙江 3 省，支出占 GDP 比重分别为 1.01%、0.98%、0.79%，上述 5 省支出占 GDP 比重均超过 2017 年东部地区整体水平（0.68%）；山东、江苏、天津、广东、上海 5 省（市）支出占 GDP 比重则低于 2017 年东部地区整体水平（0.68%），在 0.26%～0.64%。总体来看，东部地区各省份支出占 GDP 比重差距较大，最高的是最低的近 7 倍。

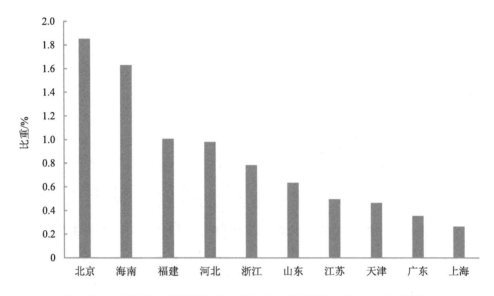

图 4-13　2017 年东部地区各省（市）生态保护修复支出占 GDP 比重

4.1.5.2　支出相对于 GDP 的弹性系数

进一步分析东部地区生态保护修复支出总量相对于 GDP 的弹性系数，结果表明：除 1990 年和 1999 年外，其余年份弹性系数整体变化较为平稳，基本在 1 上下波动。具体来看，1990 年受森林支出快速增加的影响，弹性系数达到峰值 22.2 水平；1991—1995 年弹性系数均小于 1，1996—2000 年弹性系数逐渐增加到大于 1，尤其受城镇支出快速增加的影响，弹性系数在 1999 年达到峰值 107.1 水平；2000—2017 年弹性系数整体变化较为平稳，在 1 上下波动，其中 2000 年、2002—2003 年、2006 年、2008—2013 年、2017 年弹性系数大于 1，其余年份弹性系数小于 1（图 4-14）。总体来看，1987—2017 年，东部地区有一半以上时间（17 年）弹性系数大于 1，即支出总量增速大于 GDP 增速。

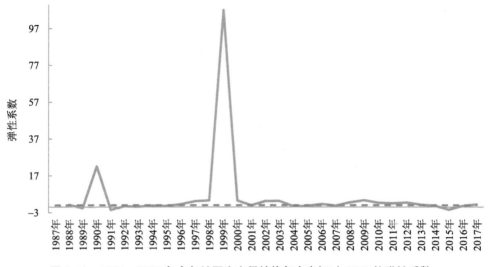

图 4-14　1987—2017 年东部地区生态保护修复支出相对 GDP 的弹性系数

4.1.6　小结

（1）支出总量。1987—2017 年，东部地区生态保护修复支出总量不断增加，2017 年支出总量增加到 3 030.3 亿元，是 1987 年的 4 378 倍，支出占 GDP 的比重为 0.68%。从不同时期来看，1996—2000 年 2001—2005 年累计支出增加较快，分别是上一时期的 16 倍、6 倍多，且城镇支出增加对上述时期总支出增加发挥了巨大的带动作用。

（2）支出结构。支出类型结构不断丰富和完善，已由最初森林支出独大（98.0%），逐渐转变为 2017 年的城镇（37.5%）、森林（22.7%）和水土保持支出（32.8%）三类并重，其他类型支出互为补充的支出体系。从不同时期来看，1991—1995 年以前主要以森林支出为主，1996—2010 年主要以城镇支出为主，2011—2017 年主要以城镇、森林、水土保持及生态三类支出为主。

（3）分省差异。1987—2017 年，东部地区各省份累计支出较高且超过全区域平均水平的从大到小依次为江苏、山东、北京、浙江、河北 5 省（市）；单位国土面积累计支出较高的为北京和上海。从不同时期来看，累计支出最高与最低的比值由最初的 17.8 降低至 7.0，支出占比超过全区域平均水平的省份个数由最初的 3 个增加到 7 个，表明各省份支出差异逐渐缩小。支出结构以城镇支出占比最高的省份居多。

（4）经济关联分析。1987—2017 年，东部地区生态保护修复支出占 GDP 比重呈平稳较快增长趋势，1987—1998 年平均在 0.02%左右，1999—2003 年和 2008—2014 年分别有两次持续快速增长期，2012—2014 达到最高值 0.80%，2015—2017 年下降至 0.65%～0.68%。除个别年份外，支出总量相对于 GDP 的弹性系数整体变化较为平稳，且有一半以上时间（17 年）弹性系数大于 1，即支出总量增速大于 GDP 增速。2017 年东部地区各省支出占 GDP 比重差距较大，其中较高的省份主要为北京、海南、福建、河北、浙江。

4.2　中部地区

4.2.1　账户列报

1987—2017 年，中部地区生态保护修复累计支出为 13 930.3 亿元，其中单一生态系统保护修复累计支出为 9 186.0 亿元，占比为 65.9%，生态系统整体性保护修复累计支出为 4 744.3 亿元，占比为 34.1%。2017 年，中部地区生态保护修复支出约为 2 009.9 亿元，其中单一生态系统保护修复支出为 1 322.3 亿元，占比为 65.8%，生态系统整体性保护修复支出为 687.7 亿元，占比为 34.2%（表 4-5）。

表 4-5　1987—2017 年中部地区生态保护修复现状和累计支出

支出类型	累计支出/亿元	比例/%	2017 年支出/亿元	比例/%
1. 单一生态系统保护修复	9 186.0	65.9	1 322.3	65.8
1.1 森林	3 618.6	26.0	519.3	25.8
1.2 草地	—	—	—	—
1.3 湿地	55.7	0.4	13.1	0.7
1.4 农田	27.6	0.2	6.5	0.3
1.5 城镇	5 472.4	39.3	776.9	38.7
1.6 荒漠	11.7	0.1	6.6	0.3
1.7 海洋	0	0	0	0
2. 生态系统整体性保护修复	4 744.3	34.1	687.7	34.2
2.1 重要（点）生态功能区	787.7	5.7	135.0	6.7
2.2 自然保护地	174.7	1.3	38.6	1.9
2.3 水土保持及生态	3 442.5	24.7	475.2	23.6

支出类型	累计支出/亿元	比例/%	2017 年支出/亿元	比例/%
2.4 矿山环境恢复治理	319.5	2.3	38.9	1.9
2.5 重点生态保护修复专项	20.0	0.1	0.0	0.0
合计（1+2）	13 930.3	100.0	2 009.9	100.0

注："一"表示无分地区数据。

4.2.2 支出总量及其变化

4.2.2.1 总体变化特征

　　1987—2017 年，中部地区生态保护修复支出总量不断增加，近 30 年累计支出 13 930.3 亿元，2017 年支出总量为 2 009.9 亿元，约是 1987 年的 1 546 倍。具体来看，1987 年支出总量仅为 1.3 亿元，1998 年支出总量增加到 6.9 亿元，是 1987 年的 5.3 倍；1999 年支出总量快速增加到 17.8 亿元，约是 1998 年的 2.6 倍；2005 年支出总量增加到 106.2 亿元，首次突破 100 亿元，约是 1999 年的近 6 倍；2011 年支出总量增加到 1 509.9 亿元，首次突破 1 000 亿元，是 2005 年的 14 倍多；2012 年后支出增速放缓，2017 年增加到 2 009.9 亿元，首次突破 2 000 亿元（图 4-15）。

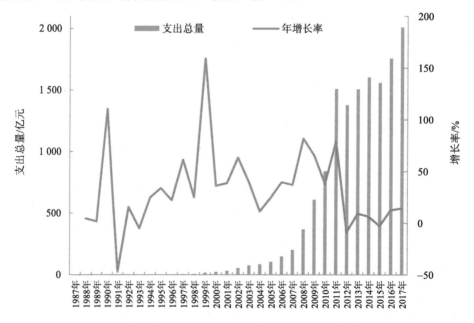

图 4-15　1987—2017 年中部地区生态保护修复支出总量及其变化

从支出年增长率来看,1990—2011 年主要为支出较快增长期,但年增长率的波动性较大,除个别年份为负值外,其余年份大多超过 11%,最高达 159.1%;2012—2017 年支出增速有所放缓,除 2012 年、2015 年支出增长率为负值外,其余年份维持在 6.5%～14.4%。具体来看,1990 年国家加大森林生态保护修复力度,支出增长率达到历史第一高点,为 110.3%;随后支出增长率有所下降,除个别年份为负值外,1992—1998 年支出增长率均维持在 15% 以上,最高达到 1997 年的 61.2%;1999 年受城镇支出快速增加的影响,支出增长率达到历史第二高点,为 159.1%;随后支出增长率略有下降,2000—2011 年维持在 11.4%～79.4%,除 2004 年最低外,其余年份均超过 20%,2002年、2008 年、2011 年分别达到 63.4%、81.8%、79.4% 的较高水平;2012 年后支出增速明显放缓,支出增长率均低于 15%,个别年份为负值(图 4-15)。

4.2.2.2　分阶段变化特征

进一步按不同规划建设时期分析支出总量的分阶段特征。1987—1990 年支出总量和年均支出均最低,分别为 6.9 亿元、1.7 亿元。1996—2015 年支出总量相比上一时期均成倍增长。

具体来看,1991—1995 年支出总量增加到 9.9 亿元,年均支出 2.0 亿元,与上一时期持平,支出增长率为 14.4%;1996—2000 年支出总量迅速增加到 57.8 亿元,首次突破 50 亿元,年均支出 11.6 亿元,是上一时期的 5.9 倍,支出增长率为 486.4%;2001—2005 年支出总量增加到 356.4 亿元,首次突破 300 亿元,年均支出 71.3 亿元,是上一时期的 6.2 倍,支出增长率达到最高 516.2%;2006—2010 年支出总量增加到 2 171.6 亿元,首次突破 2 000 亿元,年均支出 434.3 亿元左右,是上一时期的 6.1 倍,支出增长率为 509.3%;2011—2015 年支出总量增加到 7 560.5 亿元,首次突破 7 000亿元,年均支出 2 454.0 亿元,是上一时期的 3.5 倍,支出增长率为 248.2%;2016—2017 年支出总量 3 767.3 亿元,年均支出 1 883.6 亿元,支出增长率下降到 24.6%(图 4-16 和图 4-17)。

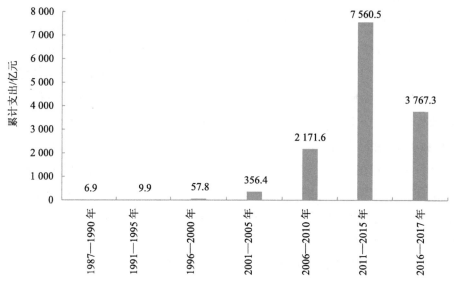

图 4-16 不同时期中部地区生态保护修复累计支出变化

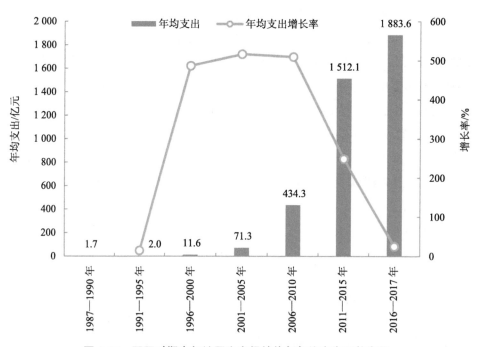

图 4-17 不同时期中部地区生态保护修复年均支出及其变化

4.2.2.3　各类型支出增加贡献率

（1）规划时期内

进一步分析中部地区不同支出类型对各个规划时期内支出增加（期末相对期初增加量）的贡献程度，结果表明：1987—1990 年和 1991—1995 年，几乎全部为森林支出带动总支出增加，贡献率分别为 99.9%、99.1%；1996—2000 年和 2001—2005 年主要以城镇和森林支出为主带动总支出增加，其中 1996—2000 年二者贡献率分别为 60.5%、39.2%，2001—2005 年分别为 42.0%、43.3%；2006—2010 年主要以城镇、水土保持及生态支出为主带动总支出增加，贡献率分别为 49.6%、26.0%；2011—2015 年受水土保持及生态支出显著降低的影响，森林和城镇支出贡献率超过 350%；2016—2017 年主要以城镇支出为主带动总支出增加，贡献率为 55.2%，其次为水土保持及生态、森林支出的带动作用，贡献率分别为 17.8%、14.9%（表 4-6）。

表 4-6　中部地区各支出类型对不同规划时期内总支出增加的贡献率　　　单位：%

时期	森林	湿地	农田	城镇	荒漠	重点生态功能区	自然保护地	水土保持及生态	矿山环境恢复治理	重点生态保护修复专项
1987—1990 年	99.9	0	0	0	0	0	0.1	0	0	0
1991—1995 年	99.1	0	0	0	0	0	0.9	0	0	0
1996—2000 年	39.2	0	0	60.5	0	0	0.3	0	0	0
2001—2005 年	43.3	0	0	42.0	0	0	5.8	0	8.9	0
2006—2010 年	12.2	0.2	0	49.6	0	7.7	0.7	26.0	3.7	0
2011—2015 年	372.3	23.4	0	353.2	5.9	91.4	14.9	−749.5	−11.6	0
2016—2017 年	14.9	1.3	−5.8	55.2	1.7	4.8	10.8	17.8	7.1	−7.9

（2）规划时期间

重点分析中部地区各支出类型对不同规划时期间累计支出增加（相对上一时期累计支出的增加量）的贡献程度，结果表明：1991—1995 年主要以森林支出为主带动累计支出增加，贡献率高达 96.0%。1996—2000 年和 2001—2005 年则主要以森林、城镇支出为主带动累计支出增加，其中 1996—2000 年二者贡献率分别为 52.6%、46.9%，2001—2005 年分别为 47.3%、46.5%。2006—2010 年和 2011—2015 年 2 个时期逐渐转变为以城镇、水土保持及生态、森林三类支出为主带动累计支出增加，且贡献率差距逐渐缩小，其中 2006—2010 年三者贡献率分别为 48.0%、21.5%、18.7%，2011—2015年分别为 33.6%、32.6%、25.2%（表 4-7）。

表 4-7　中部地区各支出类型对不同规划时期间累计支出增加的贡献率　　单位：%

时期	森林	湿地	城镇	荒漠	重点生态功能区	自然保护地	水土保持及生态	矿山环境恢复治理
1991—1995 年	96.0	0	0	0	0	4.0	0	0
1996—2000 年	52.6	0	46.9	0	0	0.5	0	0
2001—2005 年	47.3	0	46.5	0	0	2.4	0	3.8
2006—2010 年	18.7	0.1	48.0	0	4.5	2.8	21.5	4.3
2011—2015 年	25.2	0.5	33.6	0.1	6.8	0.0	32.6	1.3

注：仅分析完整的五年规划时期。

4.2.3　支出类型结构及其变化

4.2.3.1　总体变化特征

1987 年以来，中部地区生态保护修复支出类型和结构不断优化和完善。由最初1987 年的几乎全部为森林支出（98.9%）转变为向不同要素及重点区域倾斜。具体来看，1987—1998 年几乎全部为森林支出，占比平均为 98.7%；1999—2007 年转变为以城镇、森林两类支出为主，二者占比相差不大，多数年份城镇支出的占比较高，在38.5%～55.8%，森林支出占比在 36.9%～58.9%；2008—2017 年转变为以城镇、水土保持及生态、森林三类支出为主，其中城镇支出占比在 27.5%～50.6%，且呈波动下降趋势，水土保持及生态支出占比在 20.2%～47.3%，森林支出占比在 16.6%～29.3%，总体变化较小（图 4-18）。

截至 2017 年，生态保护修复支出呈以城镇（38.7%）、森林（25.8%）和水土保持及生态（23.6%）支出为主，重点生态功能区（6.7%）、矿山环境恢复治理（1.9%）、自然保护地（1.9%）、湿地（0.7%）、农田（0.3%）、荒漠（0.3%）等各类型支出为补充的总体结构（图 4-19）。

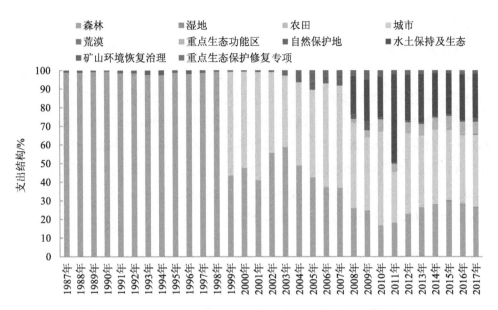

图 4-18　1987—2017 年中部地区生态保护修复支出结构变化

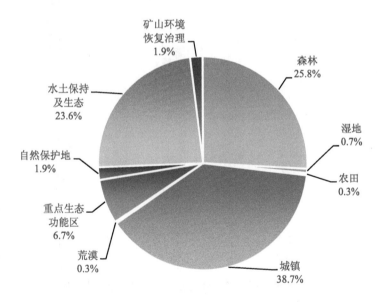

图 4-19　2017 年中部地区生态保护修复支出结构

4.2.3.2　分阶段变化特征

从不同时期来看，1987—1990 年和 1991—1995 年 2 个时期主要以森林支出为主，占比分别高达 99.2%、98.2%，自然保护地支出比例较低，仅分别为 0.8%、1.8%。1996—2000 年和 2001—2005 年 2 个时期主要以森林和城镇支出为主，其中森林支出占比分别为 60.4%、49.4%，城镇支出占比分别为 38.9%、45.2%。2006—2010 年、2011—2015 年、2016—2017 年 3 个时期主要以城镇、森林、水土保持及生态支出为主，且三者占比的差距逐渐缩小，其中城镇支出占比先上升后下降，三个时期分别为 47.5%、37.6%、37.5%，森林支出占比分别为 23.7%、24.8%、26.6%，水土保持及生态支出占比分别为 18.0%、28.4%、24.0%（图 4-20）。

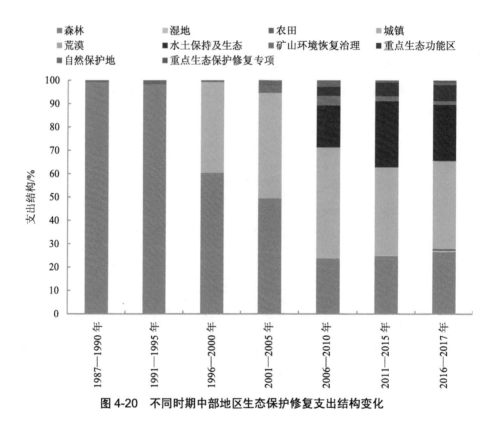

图 4-20　不同时期中部地区生态保护修复支出结构变化

4.2.4　支出地区差异分析

4.2.4.1　现状支出

2017 年，中部地区各省生态保护修复支出总量从大到小依次为河南、湖南、湖北、安徽、江西、山西，最高的是最低的 2.2 倍。具体来看，支出总量最高的为河南，已超过 400 亿元，占中部地区总支出的比例为 21.6%；支出总量在 300 亿~400 亿元的为湖南、湖北、安徽、江西 4 省，占比分别为 19.7%、16.8%、16.6%、15.6%；支出总量低于 200 亿元的为山西，占比仅为 9.8%（图 4-21）。与东部地区相比，2017 年中部地区支出总量最高的河南省处于东部地区第三位。

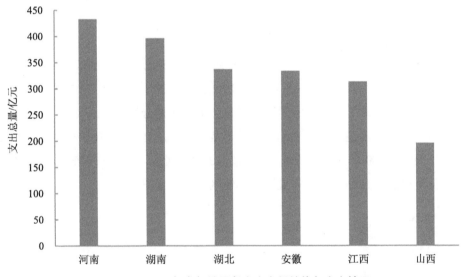

图 4-21　2017 年中部地区各省生态保护修复支出情况

2017 年，中部地区各省单位国土面积生态保护修复支出差异相对较小，最高的是最低的 2.1 倍。具体来看，最高的为河南，单位国土面积支出为 26.0 万元/km²；其次为安徽，单位国土面积支出为 23.9 万元/km²；江西、湖南、湖北 3 省单位国土面积支出相差不大，分别为 18.8 万元/km²、18.7 万元/km²、18.2 万元/km²；最低的为山西，单位国土面积支出为 12.5 万元/km²（图 4-22）。与东部地区相比，2017 年中部地区单位国土面积支出最高的河南省仅处于东部地区中下游水平。

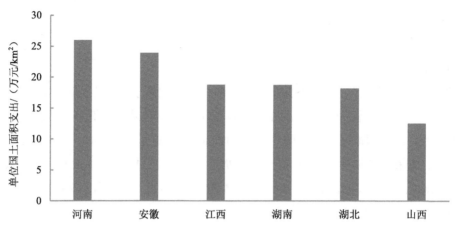

图 4-22   2017 年中部地区各省单位国土面积生态保护修复支出情况

4.2.4.2　累计支出

1987—2017 年，中部地区各省生态保护修复累计支出从大到小依次为湖南、安徽、湖北、江西、河南、山西，最高的是最低的 1.6 倍。具体来看，累计支出较高且超过 2 500 亿元的为湖南、安徽 2 省，占中部地区累计支出的比例分别为 21.1%、18.2%；累计支出在 2 000 亿～2 300 亿元的为湖北、江西、河南 3 省，占比分别为 16.5%、16.1%、15.1%；累计支出低于 2 000 亿元的为山西，占比为 13.0%（图 4-23）。与东部地区相比，中部地区累计支出总量最高的湖南省处于东部地区中上游水平。

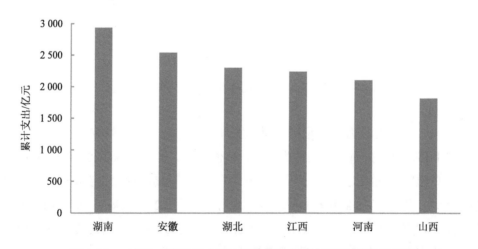

图 4-23   1987—2017 年中部地区各省生态保护修复累计支出情况

　　1987—2017 年，中部地区各省单位国土面积生态保护修复累计支出差异较小，最高的是最低的 1.6 倍。具体来看，最高的为安徽，单位国土面积累计支出为 181.7 万元/km^2；其次是湖南、江西、河南、湖北 4 省，单位国土面积累计支出在 123.8 万～138.5 万元/km^2，均超过 120 万元/km^2；最低的是山西，单位国土面积累计支出为 115.8 万元/km^2（图 4-24）。与东部地区相比，中部地区单位国土面积累计支出最高的安徽省仅处于东部地区中下游水平。

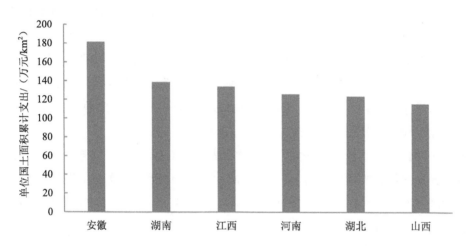

图 4-24　　1987—2017 年中部地区各省单位国土面积生态保护修复累计支出情况

4.2.4.3　分阶段支出

　　重点分析中部地区各省分时期生态保护修复累计支出比例的差异，结果表明，最初各省累计支出差异相对较大，但随着时间推移这一差距逐渐缩小，支出最高与最低的比值由最初的 6.1 降至 1.8；支出占比超过整个地区平均水平（16.7%）的省份个数由最初的 2 个增加到 4 个。

　　具体来看，1987—1990 年，累计支出从大到小依次为江西、湖北、山西、湖南、河南、安徽。该时期累计支出最高的是最低的 6.1 倍，江西、湖北、山西 3 省累计支出占比超过中部地区整体平均水平（16.7%），分别为 30.5%、23.6%、20.6%；湖南、河南、安徽 3 省累计支出占比相对较低，分别为 13.9%、6.4%、5.0%。

　　1991—1995 年，累计支出从大到小依次为湖北、湖南、山西、江西、安徽、河南。该时期累计支出最高的是最低的 6.2 倍，湖北、湖南 2 省累计支出占比超过中部地区平均水平（16.7%），分别为 37.8%、17.9%；山西的累计支出占比接近中部地区平均水平（16.7%），为 15.9%；江西、安徽、河南 3 省累计支出占比相对较低，分别为 14.1%、8.2%、6.1%。

1996—2000 年，累计支出从大到小依次为湖北、山西、河南、安徽、湖南、江西。该时期累计支出最高的是最低的 4.5 倍，湖北、山西 2 省累计支出占比超过中部地区平均水平（16.7%），分别为 31.1%、19.4%；河南的累计支出占比接近中部地区平均水平（16.7%），为 16.0%；安徽、湖南、江西 3 省累计支出占比相对较低，分别为 13.8%、12.8%、6.9%。

2001—2005 年，累计支出从大到小依次为河南、湖北、湖南、山西、安徽、江西。该时期累计支出最高的是最低的 1.7 倍，河南、湖北、湖南 3 省累计支出占比超过中部地区平均水平（16.7%），分别为 21.4%、20.4%、17.2%；安徽、山西、江西 3 省累计支出占比相对较低，分别为 14.0%、14.0%、12.9%。

2006—2010 年，累计支出从大到小依次为湖南、江西、山西、安徽、河南、湖北。该时期累计支出最高的是最低的 1.4 倍，湖南、江西、山西、安徽 4 省累计支出占比超过中部地区平均水平（16.7%），分别为 19.3%、18.0%、17.4%、17.1%；河南、湖北 2 省累计支出占比相对较低，分别为 14.2%、14.0%。

2011—2015 年，累计支出从大到小依次为湖南、安徽、湖北、江西、河南、山西。该时期累计支出最高的是最低的 1.8 倍，湖南、安徽 2 省累计支出占比超过中部地区平均水平（16.7%），分别为 22.6%、19.1%；湖北、江西 2 省累计支出占比接近中部地区平均水平（16.7%），分别为 16.5%、15.8%；河南、山西 2 省累计支出占比相对较低，分别为 13.1%、12.8%。

2016—2017 年，累计支出从大到小依次为湖南、河南、安徽、湖北、江西、山西。该时期累计支出最高的是最低的 1.8 倍，湖南、河南、安徽、湖北 4 省累计支出占比超过中部地区平均水平（16.7%），分别为 19.4%、19.1%、17.6%、17.3%；江西的累计支出占比接近中部地区平均水平（16.7%），为 15.9%；山西的累计支出占比最低，为 10.7%（表 4-8）。

表 4-8　中部地区各省分时期生态保护修复支出占比　　　　单位：%

省份	1987—1990年	省份	1991—1995年	省份	1996—2000年	省份	2001—2005年	省份	2006—2010年	省份	2011—2015年	省份	2016—2017年
江西	30.5	湖北	37.8	湖北	31.1	河南	21.4	湖南	19.3	湖南	22.6	湖南	19.4
湖北	23.6	湖南	17.9	山西	19.4	湖北	20.4	江西	18.0	安徽	19.1	河南	19.1
山西	20.6	山西	15.9	河南	16.0	湖南	17.2	山西	17.4	湖北	16.5	安徽	17.6
湖南	13.9	江西	14.1	安徽	13.8	安徽	14.0	安徽	17.1	江西	15.8	湖北	17.3
河南	6.4	安徽	8.2	湖南	12.8	山西	14.0	河南	14.2	河南	13.1	江西	15.9
安徽	5.0	河南	6.1	江西	6.9	江西	12.9	湖北	14.0	山西	12.8	山西	10.7

4.2.4.4　支出结构差异

重点分析 2017 年中部地区各省支出结构差异，如图 4-25 所示。总体来看，中部地区各省支出结构仍主要以城镇、水土保持及生态、森林三类支出为主，但各省有所差异，城镇支出占比最高的省份居多。

具体来看，城镇支出占比最高的主要有安徽、河南、江西、湖北 4 省，支出占比分别为 59.9%、46.1%、41.8%、38.0%，均超过 35%。其中，安徽、江西 2 省的森林支出占比居于第二位，分别为 19.6%、27.1%，水土保持及生态支出占比居于第三位，分别为 11.4%、20.1%；湖北、河南 2 省的水土保持及生态支出占比居于第二位，分别为 27.4%、24.5%，森林支出占比居于第三位，分别为 21.6%、18.3%。

森林支出占比最高的为山西，支出占比为 52.3%；城镇（18.1%）、水土保持及生态（14.6%）支出占比分别居于第二位、第三位。

水土保持及生态支出占比最高的为湖南，支出占比为 37.2%，森林（28.8%）、城镇（20.8%）支出占比分别居于第二位、第三位，重点生态功能区（10.3%）支出占比也相对较高，居于第四位。

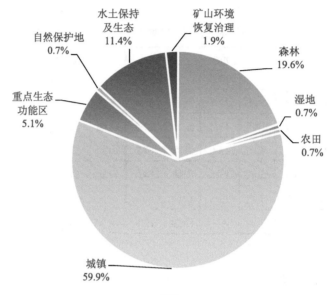

a. 安徽

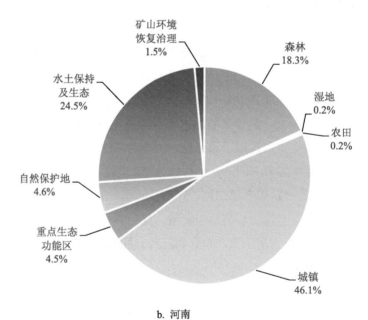

b. 河南

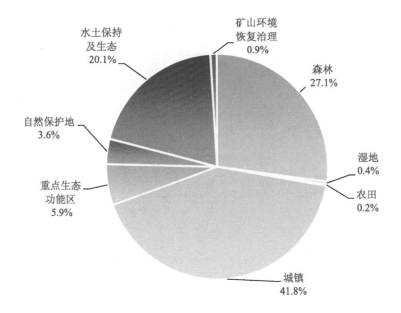

c. 江西

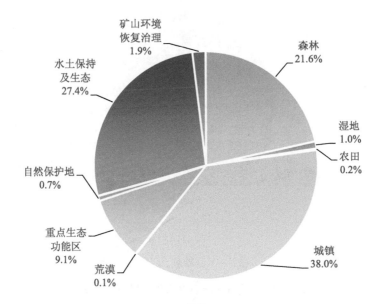

d. 湖北

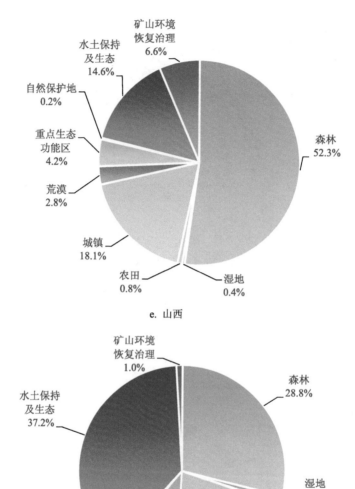

e. 山西

f. 湖南

图4-25　2017年中部地区各省生态保护修复支出结构

4.2.5　与经济数据关联性分析

4.2.5.1　支出占 GDP 比重

1987—2017 年，中部地区生态保护修复支出占 GDP 比重呈平稳较快增长趋势，并具有明显的阶段特征。1987—1998 年，支出占 GDP 比重较低且变化相对平稳，均在 0.10% 以下；1999 年开始支出占 GDP 比重第一次出现较快增长，并首次增加到 0.10%，2003 年达到峰值 0.30%，2004—2005 年略有降低；2006 年开始支出占 GDP 比重第二次持续快速增长，由 2006 年的 0.34% 快速增长到 2011 年的峰值 1.45%，随后的 2012—2017 年有所下降并维持在 1.06%～1.19%（图 4-26）。

图 4-26　1987—2017 年中部地区生态保护修复支出占 GDP 比重

进一步分析 2017 年中部地区各省生态保护修复支出占 GDP 比重的差异性，如图 4-27 所示。结果表明，最高的为江西省，支出占 GDP 比重为 1.57%；其次是陕西、安徽、湖南 3 省，支出占 GDP 比重分别为 1.26%、1.24%、1.17%，上述 4 省支出占 GDP 比重均超过 2017 年中部地区整体水平（1.14%）；河南、湖北 2 省支出占 GDP 比重则低于 2017 年中部地区整体水平（1.14%），分别为 0.97%、0.95%。总体来看，中部地区各省支出占 GDP 比重差距相对较小，最高的是最低的 1.6 倍左右。

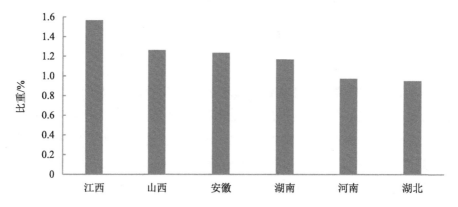

图 4-27　2017 年中部地区各省生态保护修复支出占 GDP 的比重

4.2.5.2　支出相对于 GDP 的弹性系数

中部地区生态保护修复支出总量相对于 GDP 的弹性系数波动较为明显，受生态保护政策驱动明显。具体来看，1990 年受森林支出快速增加的影响，弹性系数达到峰值 8.9；1991—1994 年弹性系数均小于 1，1995—2003 年弹性系数逐渐增加到大于 1，尤其受城镇支出快速增加的影响，弹性系数在 1999 年达到峰值 29.7；2004—2017 年弹性系数的波动性较前期有所下降，在-1～5.7，其中 2005—2011 年、2016—2017 年弹性系数大于 1，尤其是 2009 年受森林、城镇、水土保持及生态等类型支出快速增加的影响弹性系数达到峰值 5.7，其余年份弹性系数小于 1（图 4-28）。总体来看，1987—2017 年，中部地区有一半以上时间（19 年）弹性系数大于 1，即支出总量增速大于 GDP 增速。

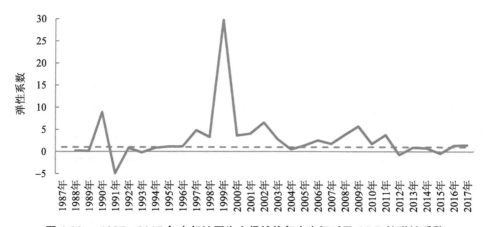

图 4-28　1987—2017 年中部地区生态保护修复支出相对于 GDP 的弹性系数

4.2.6 小结

（1）支出总量。1987—2017 年，中部地区生态保护修复支出总量不断增加，2017 年支出总量增加到 2 009.9 亿元，是 1987 年的 1 556 倍，支出占 GDP 的比重为 1.14%。从不同时期来看，1996—2000 年、2001—2005 年、2006—2010 年 3 个时期累计支出增加较快，均是上一时期的 6 倍左右，且森林、城镇支出增加对上述时期总支出增加发挥了巨大的带动作用。

（2）支出结构。支出类型结构不断丰富和完善，已由最初的森林支出独大（98.9%），逐渐转变为 2017 年的城镇（38.7%）、森林（25.8%）和水土保持及生态（23.6%）三类并重，其他类型支出互为补充的支出体系。不同时期来看，1991—1995 年以前主要以森林支出为主，1996—2000 年和 2001—2005 年主要以森林和城镇支出为主，2006—2017 年主要以城镇、森林、水土保持及生态三类支出为主。

（3）分省差异。1987—2017 年，中部地区各省累计支出较高且超过全区域平均水平的为湖南、安徽 2 省；单位国土面积累计支出较高的为安徽和湖南。从不同时期来看，累计支出最高与最低的比值由最初的 6.1 降至 1.8，支出占比超过全区域平均水平的省份个数由最初的 2 个增加到 4 个，表明各省支出差异逐渐缩小。支出结构以城镇支出占比最高的省份居多。

（4）经济关联分析。1987—2017 年，中部地区生态保护修复支出占 GDP 比重呈平稳较快增长趋势，1987—1998 年均在 0.10%以下，1999—2003 年和 2006—2011 年分别有两次较快增长期，2011 年达到最高值 1.45%，2012—2017 年下降至 1.06%～1.19%。支出总量相对于 GDP 的弹性系数波动较为明显，且有一半以上时间（19 年）弹性系数大于 1，即支出总量增速大于 GDP 增速。2017 年中部地区各省支出占 GDP 比重差距较小，较高的省份主要为江西、陕西、安徽、湖南。

4.3 西部地区

4.3.1 账户列报

1987—2017 年，西部地区生态保护修复累计支出为 22 720.5 亿元，其中单一生态系统保护修复累计支出为 13 969.6 亿元，占比为 61.5%，生态系统整体性保护修复累计支出为 8 751.0 亿元，占比为 38.5%。2017 年，西部地区生态保护修复支出约为 3 383.5 亿元，其中单一生态系统保护修复支出 2 021.6 亿元，占比为 59.7%，生态系统整体性保护修复支出为 1 361.9 亿元，占比为 40.3%（表 4-9）。

表 4-9　1987—2017 年西部地区生态保护修复现状和累计支出

支出类型	累计支出/亿元	比例/%	2017 年支出/亿元	比例/%
1. 单一生态系统保护修复	13 969.6	61.5	2 021.6	59.7
1.1 森林	7 209.8	31.7	980.5	29.0
1.2 草地	—	—	—	—
1.3 湿地	105.7	0.5	32.6	1.0
1.4 农田	370.3	1.6	186.0	5.5
1.5 城镇	6 246.3	27.5	809.8	23.9
1.6 荒漠	37.5	0.2	12.8	0.4
1.7 海洋	0	0	0	0
2. 生态系统整体性保护修复	8 751.0	38.5	1 361.9	40.3
2.1 重要（点）生态功能区	2 191.8	9.6	354.9	10.5
2.2 自然保护地	309.1	1.4	34.4	1.0
2.3 水土保持及生态	5 768.0	25.4	861.7	25.5
2.4 矿山环境恢复治理	392.1	1.7	60.9	1.8
2.5 重点生态保护修复专项	90.0	0.4	50.0	1.5
合计（1+2）	22 720.5	100.0	3 383.5	100.0

注："—"表示无分地区数据。

4.3.2　支出总量及其变化

4.3.2.1　总体变化特征

　　1987—2017 年，西部地区生态保护修复支出总量持续快速增长，近 30 年累计支出 22 720.5 亿元，2017 年支出总量为 3 383.5 亿元，约是 1987 年的 3 558 倍。具体来看，1987 年支出总量仅为 1.0 亿元，1997 年增加到 7.9 亿元，是 1987 年的近 8 倍；1998 年支出总量大幅提高，增加到 21.7 亿元，是 1996 年的 3 倍多；2002 年增加到 146.5 亿元，首次突破 100 亿元，是 1998 年的 6.8 倍；2009 年增加到 1 101.3 亿元，首次突破 1 000 亿元，是 2002 年的 7.5 倍；2012 年增加到 2 253.5 亿元，首次突破 2 000 亿元，是 2009 年的 2 倍左右；2016 年增加到 3 059.3 亿元，首次突破 3 000 亿元（图 4-29）。

图 4-29　1987—2017 年西部地区生态保护修复支出总量及其变化

从支出年增长率来看，1987—2010 年主要为支出较快增长期，但年增长率的波动性较大，除个别年份为负值外，其余年份大多超过 13%，最高达 186.8%；2011—2017 年支出增速有所放缓，在 3.0%～26.6%。具体来看，1990 年国家加大森林生态保护修复力度，支出增长率达到历史第一高点，为 186.8%；随后支出增长率有所下降，除个别年份外，1992—1997 年支出增长率均维持在 13.0% 以上，最高达到 1996 年的 51.6%；1998 年和 1999 年，受森林、城镇支出快速增加的影响，支出增长率分别达到历史第二、第三高点，分别为 175.7% 和 164.2%；随后支出增速有所下降，除 2004 年外，2000—2007 年维持在 6.2%～64.2%；2008 年受水土保持及生态和城镇等类型支出快速增加影响，支出增长率达到历史第四高点，为 140.1%；之后支出增速再次下降，2009—2010 年仍维持在 40% 以上，2011 年后降至 3.0%～26.6%（图 4-29）。

4.3.2.2　分阶段变化特征

进一步按不同规划建设时期分析支出总量的分阶段特征。1987—1990 年支出总量和年均支出均最低，分别为 7.5 亿元、1.9 亿元。1991 年以后，每 5 年支出总量相比上一五年时期均成倍增长，尤其是 1996—2000 年期间累计支出增速最快，高达 774.2%。

具体来看，1991—1995 年支出总量增加到 18.5 亿元，年均支出 3.7 亿元，是上一时期的 2 倍左右，增长率为 97.3%；1996—2000 年支出总量增加到 161.9 亿元，年均支出 32.4 亿元，是上一时期的 8.7 倍，支出增长率为 774.2%；2001—2005 年支出总量

增加到 849.3 亿元,年均支出 169.9 亿元,是上一时期的 5.2 倍,支出增长率为 424.7%;
2006—2010 年支出总量增加到 4 011.6 亿元,年均支出 802.3 亿元,是上一时期的
4.7 倍,支出增长率为 372.3%;2011—2015 年支出总量增加到 11 228.9 亿元,首次突
破 1 万亿元,年均支出 2 245.8 亿元,是上一时期的 2.8 倍,支出增长率为 179.9%。
2016—2017 年支出总量为 6 442.8 亿元,年均支出 3 221.4 亿元,支出增长率下降到 43.4%
(图 4-30 和图 4-31)。

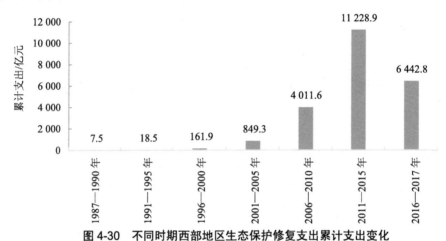

图 4-30　不同时期西部地区生态保护修复支出累计支出变化

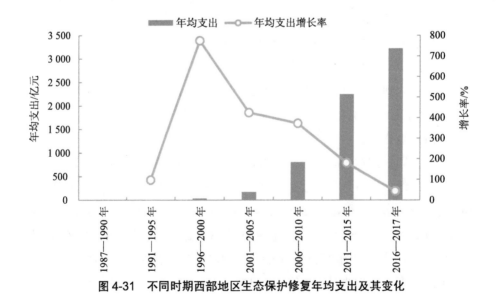

图 4-31　不同时期西部地区生态保护修复年均支出及其变化

4.3.2.3　各类型支出增加贡献率

（1）规划时期内

进一步分析西部地区不同支出类型对各个规划时期内支出增加（期末相对期初增加量）的贡献程度，结果表明：1987—1990 年和 1991—1995 年 2 个时期，几乎全部为森林支出带动总支出增加，贡献率分别为 98.4%、102.7%；1996—2000 年和 2001—2005 年 2 个时期仍以森林支出为主带动总支出增加，贡献率分别为 77.1%、56.4%，其次是城镇支出的带动作用，2 个时期贡献率分别为 22.5%、39.7%；2006—2010 年主要以水土保持及生态、城镇支出为主带动总支出增加，贡献率分别为 41.2%、31.1%，其次是重点生态功能区、森林支出的带动作用，贡献率分别为 12.1%、11.6%；2011—2015 年主要以森林、水土保持及生态为主带动总支出增加，贡献率分别为 36.2%、29.8%，其次是重点生态功能区、城镇的带动作用，贡献率分别为 14.6%、12.4%；2016—2017 年主要以水土保持及生态支出为主带动总支出增加，贡献率为 47.8%，其次为城镇、森林、重点生态功能区支出的带动作用，贡献率分别为 13.9%、12.7%、10.6%（表 4-10）。

表 4-10　西部地区各支出类型对不同规划时期内总支出增加的贡献率　单位：%

时期	森林	湿地	农田	城镇	荒漠	重点生态功能区	自然保护地	水土保持及生态	矿山环境恢复治理	重点生态保护修复专项
1987—1990 年	98.4	0	0	0	0	0	1.6	0	0	0
1991—1995 年	102.7	0	0	0	0	0	-2.7	0	0	0
1996—2000 年	77.1	0	0	22.5	0	0	0.4	0	0	0
2001—2005 年	56.4	0	0	39.7	0	0	1.8	0	2.1	0
2006—2010 年	11.6	0.1	0	31.1	0	12.1	0.9	41.2	2.9	0
2011—2015 年	36.2	1.5	0	12.4	1.5	14.6	1.1	29.8	2.9	0
2016—2017 年	12.7	2.5	0.5	13.9	-0.3	10.6	-0.6	47.8	9.8	3.1

（2）规划时期间

重点分析西部地区各支出类型对不同规划时期间累计支出增加（相对上一时期累计支出的增加量）的贡献程度，结果表明，1991—1995 年主要以森林支出为主带动累计支出增加，贡献率高达 95.6%。1996—2000 年和 2001—2005 年 2 个时期仍以森林支出为主带动累计支出增加，但其贡献率有所下降，分别为 79.7%、71.5%；其次是城镇支出的带动作用，2 个时期贡献率分别为 19.8%、26.1%。2006—2010 年和 2011—2015 年 2 个时期逐渐转变为以城镇、水土保持及生态、森林等三类支出为主带动累计支出增加，且贡献率差距逐渐缩小，其中 2006—2010 年三者贡献率分别为 34.6%、33.7%、17.3%，2011—2015 年分别为 25.4%、28.6%、30.0%；其次为重点生态功能区支出的带动作用，2 个时期贡献率分别为 8.9%、13.2%（表 4-11）。

表 4-11　西部地区各支出类型对不同规划时期间累计支出增加的贡献率　　单位：%

时期	森林	湿地	农田	城镇	荒漠	重点生态功能区	自然保护地	水土保持及生态	矿山环境恢复治理
1991—1995 年	95.6	0	0	0	0	0	4.4	0	0
1996—2000 年	79.7	0	0	19.8	0	0	0.5	0	0
2001—2005 年	71.5	0	0	26.1	0	0	1.6	0	0.8
2006—2010 年	17.3	0.1	0	34.6	0	8.9	2.5	33.7	2.8
2011—2015 年	30	0.6	0	25.4	0.1	13.2	0.6	28.6	1.5

注：仅分析完整的五年规划时期。

4.3.3　支出类型结构及其变化

4.3.3.1　总体变化特征

1987 年以来，西部地区生态保护修复支出类型和结构不断优化和完善。由最初 1987 年的几乎全部为森林支出（95.2%）转变为向不同要素及重点区域倾斜。具体来看，1987—1998 年几乎全部为森林支出，占比平均为 96.5%；1999—2007 年转变为以森林、城镇两类支出为主，其中森林支出占比相对较高但逐年下降，在 53.0%~74.1%，同时城镇支出占比波动上升，在 18.1%~42.9%；2008—2017 年转变为以城镇、水土保持及生态、森林三类支出为主，其中城镇支出占比在 23.9%~34.0%，且呈波动下降趋势，水土保持及生态支出占比在 22.0%~33.6%，森林支出占比在 20.3%~32.2%，同时重点生态功能区支出占比也逐年增加，2011—2017 年稳定在 10.1%~11.7%（图 4-32）。

截至 2017 年，生态保护修复支出呈以城镇（23.9%）、森林（29.0%）和水土保持及生态（25.5%）支出为主，以重点生态功能区（10.5%）、农田（5.5%）、矿山环境恢复治理（1.8%）、重点生态保护修复专项（1.5%）、自然保护地（1.0%）、湿地（1.0%）、荒漠（0.4%）等各类型支出为补充的总体结构（图4-33）。

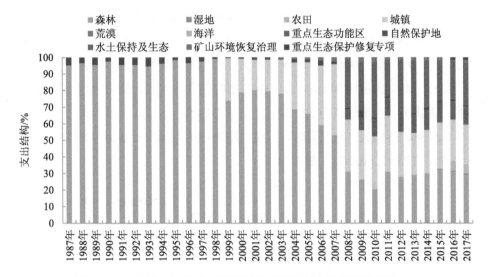

图 4-32　1987—2017 年西部地区生态保护修复支出结构变化

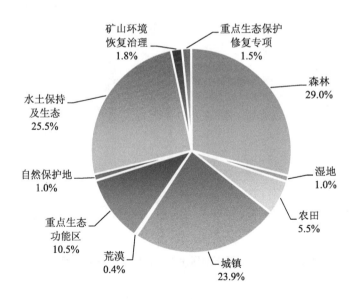

图 4-33　2017 年西部地区生态保护修复支出结构

4.3.3.2 分阶段变化特征

从不同时期来看，1987—1990 年和 1991—1995 年 2 个时期主要以森林支出为主，占比分别高达 96.7%、96.1%，自然保护地支出比例较低，仅分别为 3.3%、3.9%。1996—2000 年和 2001—2005 年仍主要以森林支出为主，但支出占比有所下降，分别为 81.5%、73.4%，同时城镇支出占比开始上升，分别为 17.6%、24.5%。2006—2010 年、2011—2015 年、2016—2017 年 3 个时期、主要以森林、城镇、水土保持及生态支出为主，且三者支出占比相差不大，其中三个时期森林支出占比分别为 29.2%、29.7%、29.8%，城镇支出占比分别为 32.5%、27.9%、24.4%，水土保持及生态支出占比分别为 26.6%、27.9%、24.3%；与此同时，重点生态功能区支出占比也逐渐增加，三个时期分别为 7.0%、11.0%、10.5%（图 4-34）。

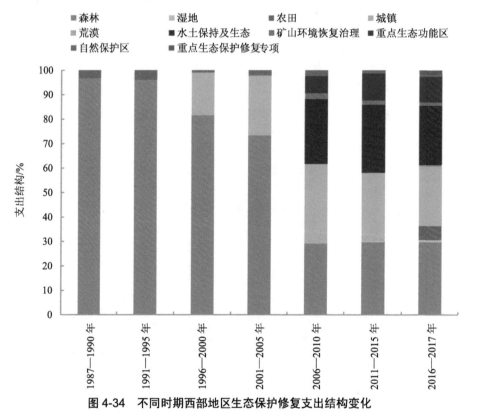

图 4-34　不同时期西部地区生态保护修复支出结构变化

4.3.4 支出地区差异

4.3.4.1 现状支出

2017 年，西部地区各省（区、市）支出总量从大到小依次为内蒙古、四川、云南、广西、贵州、陕西、新疆、重庆、甘肃、青海、宁夏、西藏，最高的是最低的 6.1 倍。具体来看，支出总量最高的为内蒙古，已超过 500 亿元，占西部地区总支出的比例为 16.1%；支出总量在 300 亿~400 亿元的为四川、云南、广西、贵州、陕西 5 省（区），占比分别为 11.5%、10.8%、10.5%、10.2%、10.1%；支出总量在 200 亿~250 亿元的为新疆、重庆、甘肃 3 省，占比分别为 7.4%、7.1%、6.3%；支出总量低于 200 亿元的为青海、宁夏、西藏 3 省，占比仅在 2.6%~4.3%（图 4-35）。与东部地区相比，2017 年西部地区支出总量最高的内蒙古自治区高于东部地区最高的北京市。

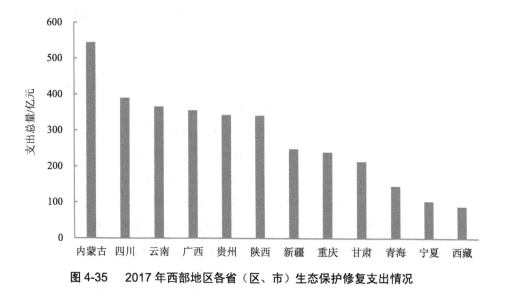

图 4-35 2017 年西部地区各省（区、市）生态保护修复支出情况

2017 年，西部地区各省单位国土面积生态保护修复支出差异较大，最高的是最低的 39 倍。具体来看，最高的为重庆，单位国土面积支出为 29.1 万元/km²；其次为贵州、陕西、宁夏、广西 4 省（区），单位国土面积支出在 15.0 万~19.5 万元/km²；云南、四川、甘肃、内蒙古、青海、新疆、西藏 7 省（区）单位国土面积支出均低于 10 万元/km²，最低的西藏自治区不足 1 万元/km²（图 4-36）。与东部地区相比，2017 年西部地区单位

国土面积支出最高的重庆市仅处于东部地区中游水平。

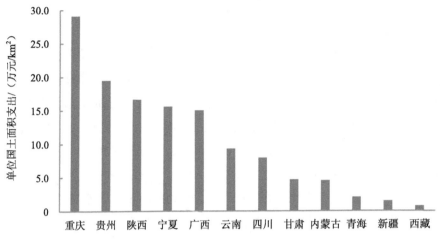

图 4-36　　2017 年西部地区各省（区、市）单位国土面积生态保护修复支出情况

4.3.4.2　累计支出

1987—2017 年，西部地区各省份生态保护修复累计支出从大到小依次为内蒙古、广西、四川、云南、重庆、陕西、贵州、新疆、甘肃、青海、宁夏、西藏，最高的是最低的 9 倍左右。具体来看，累计支出较高且接近 4 000 亿元的为内蒙古，占西部地区累计支出的比例为 17.2%；累计支出在 2 000 亿～3 000 亿元的为广西、四川、云南、重庆、陕西 5 省（区、市），占比分别为 12.6%、12.5%、10.2%、9.7%、9.1%；累计支出在 1 400 亿元左右的为新疆、甘肃 2 省（区），占比分别为 6.3%、6.2%；累计支出在 400 亿～700 亿元的为青海、宁夏、西藏，占比仅在 1.9%～3.0%（图 4-37）。与东部地区相比，西部地区累计支出总量最高的内蒙古处于东部地区第三位。

1987—2017 年，西部地区各省（区、市）单位国土面积生态保护修复累计支出差异较大，最高的是最低的 73 倍左右。具体来看，最高的为重庆，单位国土面积累计支出分别为 267.2 万元/km²，超过 200 万元/km²；其次是广西、贵州、陕西 3 省（区），单位国土面积累计支出超过 100 万元/km²；宁夏、云南、四川、内蒙古、甘肃 5 省（区）的单位国土面积累计支出在 30 万～100 万元/km²；青海、新疆、西藏 3 省（区）的单位国土面积累计支出低于 10 万元/km²（图 4-38）。与东部地区相比，西部地区单位国土面积累计支出最高的重庆市仅处于东部地区中游水平。

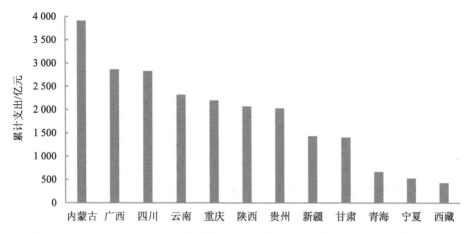

图 4-37　1987—2017 年西部地区各省（区、市）生态保护修复累计支出情况

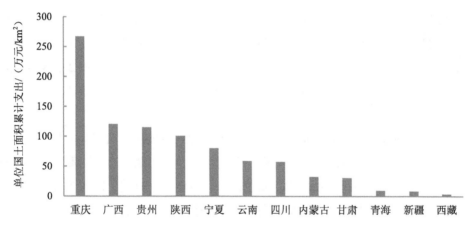

图 4-38　1987—2017 年西部地区各省（区、市）单位国土面积生态保护修复累计支出情况

4.3.4.3　分阶段支出

重点分析西部地区各省分时期生态保护修复累计支出比例的差异，结果表明，最初各省累计支出差异相对较大，但随着时间推移这一差距逐渐缩小，支出最高与最低的比值由最初的 50.0 降低至 6.3；支出占比超过整个地区平均水平（8.3%）的省份个数由最初的 5 个增加到 6 个。

具体来看，1987—1990 年，生态保护修复累计支出从大到小依次为广西、内蒙古、四川、陕西、云南、甘肃、贵州、新疆、宁夏、青海、西藏，重庆无数据。该时期累计支出最高的是最低的 50 倍，广西、内蒙古、四川、陕西、云南 5 省（区）累计支出占比超过西部地区平均水平（8.3%），分别为 26.0%、15.4%、12.9%、11.0%、8.8%；甘肃省累计支出占比接近西部地区平均水平（8.3%），为 8.0%；其余各省（区、市）累计支出占比相对较低，在 0.5%~6.6%。

1991—1995 年，生态保护修复累计支出从大到小依次为云南、广西、四川、甘肃、内蒙古、陕西、贵州、新疆、宁夏、青海、西藏，重庆无数据。该时期累计支出最高的是最低的 13.8 倍，差距有所缩小，其中云南、广西、四川、甘肃 4 省（区）累计支出占比超过西部地区平均水平（8.3%），分别为 20.0%、19.4%、17.0%、10.8%；内蒙古的累计支出占比接近西部地区平均水平（8.3%），为 8.0%；其余各省（区、市）累计支出占比相对较低，在 1.4%~7.3%。

1996—2000 年，生态保护修复累计支出从大到小依次为四川、内蒙古、新疆、云南、陕西、贵州、广西、甘肃、重庆、青海、宁夏、西藏。该时期累计支出最高的是最低的 21.2 倍，四川、内蒙古、新疆、云南 4 省（区）累计支出占比超过西部地区平均水平（8.3%），分别为 29.1%、13.4%、9.6%、8.9%；陕西、贵州 2 省累计支出占比接近西部地区平均水平（8.3%），分别为 8.2%、8.1%；其余各省累计支出占比相对较低，在 1.4%~6.6%。

2001—2005 年，生态保护修复累计支出从大到小依次为四川、内蒙古、重庆、陕西、新疆、云南、广西、甘肃、贵州、宁夏、青海、西藏。该时期累计支出最高的是最低的 78.1 倍，差距再一次拉大，其中四川、内蒙古、重庆、陕西 4 省（区、市）累计支出占比超过西部地区平均水平（8.3%），分别为 26.1%、15.0%、11.4%、8.7%；其余各省（区、市）累计支出占比相对较低，在 0.3%~7.4%。

2006—2010 年，生态保护修复累计支出从大到小依次为内蒙古、四川、重庆、广西、云南、陕西、贵州、新疆、甘肃、青海、宁夏、西藏。该时期累计支出最高的是最低的 7.7 倍，差距明显缩小，其中内蒙古、四川、重庆、广西、云南、陕西 6 省（区、市）累计支出占比超过西部地区平均水平（8.3%），分别为 14.1%、14.0%、13.3%、13.3%、11.2%、10.0%；其余各省累计支出占比相对较低，在 1.8%~6.6%。

2011—2015 年，累计支出从大到小依次为内蒙古、广西、四川、云南、重庆、贵州、陕西、甘肃、新疆、青海、宁夏、西藏。该时期累计支出最高的是最低的 12.6 倍，差距再次拉大，内蒙古、广西、四川、云南、重庆、贵州、陕西 7 省（区、市）累计支出占比超过西部地区平均水平（8.3%），分别为 19.2%、13.4%、11.0%、10.0%、10.0%、9.4%、8.3%；其余各省累计支出占比相对较低，在 1.5%～6.4%。

2016—2017 年，生态保护修复累计支出从大到小依次为内蒙古、四川、广西、云南、贵州、陕西、新疆、重庆、甘肃、青海、西藏、宁夏。该时期累计支出最高的是最低的 6.3 倍，差距有所缩小，内蒙古、四川、广西、云南、贵州、陕西 6 省（区）累计支出占比超过西部地区平均水平（8.3%），分别为 16.1%、11.7%、11.6%、10.4%、10.2%、10.2%；其余各省累计支出占比相对较低，在 2.6%～6.9%（表 4-12）。

总体来看，内蒙古、四川、广西 3 省（区）在各个时期累计支出均较高，而青海、宁夏、西藏 3 省（区）在各时期累计支出均较低。

表 4-12　西部地区各省分时期生态保护修复支出占比　　　　　单位：%

省份	1987—1990 年	省份	1991—1995 年	省份	1996—2000 年	省份	2001—2005 年	省份	2006—2010 年	省份	2011—2015 年	省份	2016—2017 年
广西	26.0	云南	20.0	四川	29.1	四川	26.1	内蒙古	14.1	内蒙古	19.2	内蒙古	16.1
内蒙古	15.4	广西	19.4	内蒙古	13.4	内蒙古	15.0	四川	14.0	广西	13.4	四川	11.7
四川	12.9	四川	17.0	新疆	9.6	重庆	11.4	重庆	13.3	四川	11.0	广西	11.6
陕西	11.0	甘肃	10.8	云南	8.9	陕西	8.7	广西	13.3	云南	10.0	云南	10.4
云南	8.8	内蒙古	8.0	陕西	8.2	新疆	7.4	云南	11.2	重庆	10.0	贵州	10.2
甘肃	8.0	陕西	7.3	贵州	8.1	云南	7.2	陕西	10.0	贵州	9.4	陕西	10.2
贵州	6.6	贵州	6.1	广西	6.6	广西	7.1	贵州	6.6	陕西	8.3	新疆	6.9
新疆	4.8	新疆	4.1	甘肃	5.1	甘肃	6.2	新疆	6.0	甘肃	6.4	重庆	6.9
宁夏	3.3	宁夏	3.2	重庆	4.4	贵州	5.8	甘肃	4.8	新疆	6.0	甘肃	6.6
青海	2.8	青海	2.7	青海	3.2	宁夏	3.0	青海	2.4	青海	2.7	青海	4.0
西藏	0.5	西藏	1.4	宁夏	2.0	青海	1.8	宁夏	2.4	宁夏	2.2	西藏	2.9
重庆	0.0	重庆	0.0	西藏	1.4	西藏	0.3	西藏	1.8	西藏	1.5	宁夏	2.6

4.3.4.4　支出结构差异

重点分析 2017 年西部地区各省支出结构差异，如图 4-39 所示。总体来看，西部地区各省支出结构主要以城镇、森林、水土保持及生态、重点生态功能区等类型支出为主，但各省份有所差异，城镇或水土保持及生态支出占比最高的省份居多。

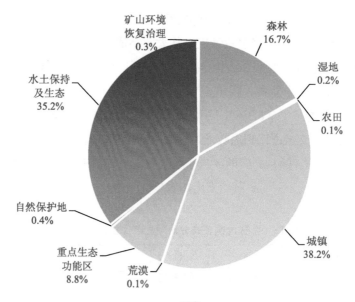

a. 重庆

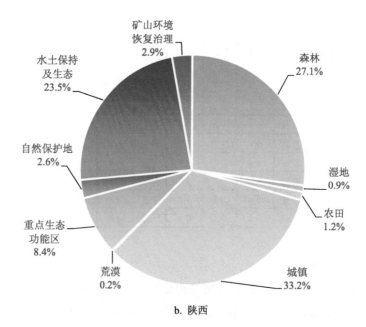

b. 陕西

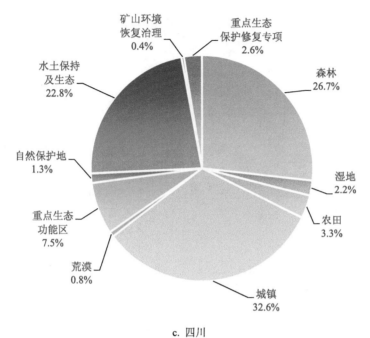

c. 四川

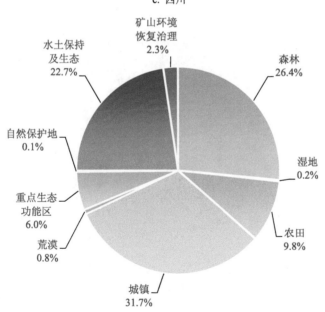

d. 内蒙古

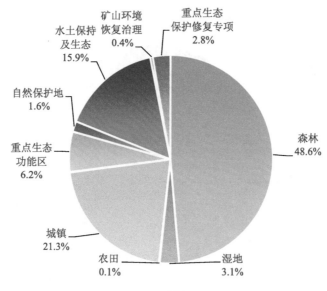

e. 广西

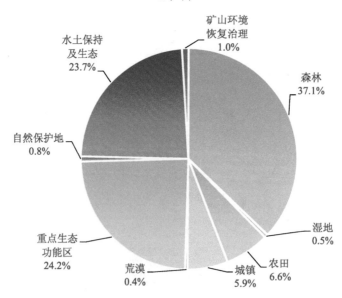

f. 甘肃

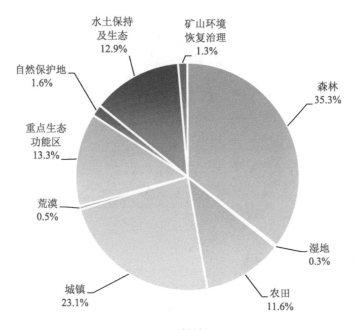

g. 新疆

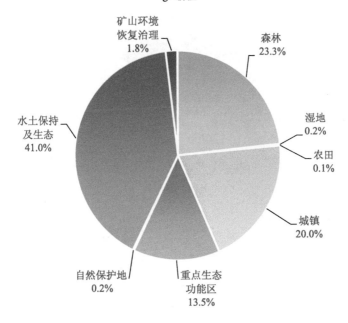

h. 贵州

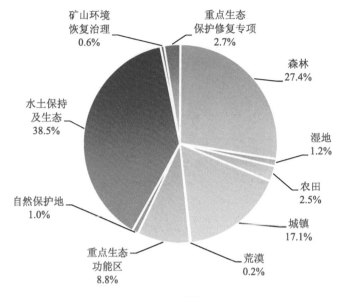

i. 云南

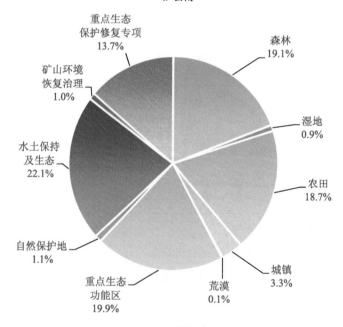

j. 青海

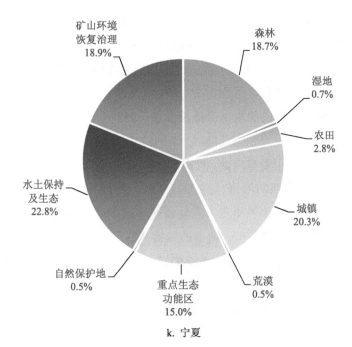

k. 宁夏

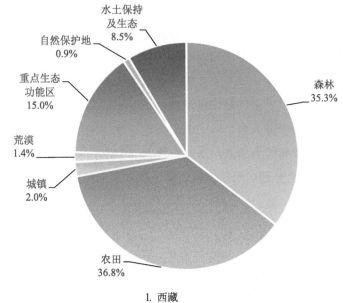

l. 西藏

图 4-39　2017 年西部地区各省（区、市）生态保护修复支出结构

具体来看，城镇支出占比最高的主要有重庆、陕西、四川、内蒙古 4 省（区、市），支出占比分别为 38.2%、33.2%、32.6%、31.7%，均超过 30%。其中，陕西、四川、内蒙古 3 省（区）的森林支出占比居于第二位，分别为 27.1%、26.7%、26.4%，水土保持及生态支出占比居于第三位，分别为 23.5%、22.8%、22.7%，重点生态功能区或农田支出占比居于第四位；重庆的水土保持及生态（35.2%）、森林（16.7%）支出占比分别居于第二位、第三位，重点生态功能区（8.8%）支出占比居于第四位。

森林支出占比最高的主要有广西、甘肃、新疆 3 省（区），支出占比分别为 48.6%、37.1%、35.3%。其中，广西的城镇（21.3%）、水土保持及生态（15.9%）支出占比分别居于第二位、第三位；甘肃的重点生态功能区（24.2%）、水土保持及生态（23.7%）支出占比分别居于第二位、第三位；新疆的城镇（23.1%）支出占比居于第二位，重点生态功能区（13.3%）、水土保持及生态（12.9%）、农田（11.6%）支出占比也相对较高，分别居于第三到第五位。

水土保持及生态支出占比最高的主要为贵州、云南、青海、宁夏 4 省（区），支出占比分别为 41.0%、38.5%、22.1%、22.8%。其中，贵州、云南 2 省的森林支出占比居于第二位，分别为 23.3%、27.4%，城镇支出占比居于第三位，分别为 20.0%、17.1%，重点生态功能区支出占比居于第四位，分别为 13.5%、8.8%。青海、宁夏 2 省（区）排名前五的其他各类型支出占比相对更加均衡，青海的重点生态功能区（19.9%）、森林（19.1%）、农田（18.7%）、重点生态保护修复专项（13.7%）支出占比居于前五名；宁夏的城镇（20.3%）、矿山环境恢复治理（18.9%）、森林（18.7%）、重点生态功能区（15.0%）支出占比居于前五名，以上类型支出占比均超过 10%。

农田支出占比最高的为西藏，支出占比为 36.8%，森林（35.3%）、重点生态功能区（15.0%）支出占比分别居于第二位、第三位，水土保持及生态（8.5%）支出占比居于第四位。

4.3.5 与经济数据关联性分析

4.3.5.1 支出占 GDP 比重

1987—2017 年，西部地区生态保护修复支出占 GDP 比重呈平稳较快增长趋势，并具有明显的阶段特征。1987—1997 年，支出占 GDP 比重较低且变化相对平稳，除 1990 年外均低于 0.10%；1998 年开始支出占 GDP 比重第一次快速增长，并首次增加

到 0.15%，1999—2001 年增加到 0.37%～0.48%，2003 年达到峰值 0.84%；随后的
2004—2007 年有所下降并平稳维持在 0.64%～0.73%；2008 年开始支出占 GDP 比重第
二次持续快速增长，由 2008 年的 1.27% 快速增长到 2010 和 2012 年的峰值 1.94%、1.98%，
随后的 2013—2015 年有所降低，2016—2017 年再次增长，分别达到历史新高 1.95%、
2.01%（图 4-40）。

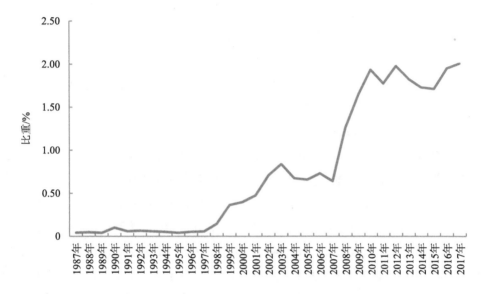

图 4-40　1987—2017 年西部地区生态保护修复支出占 GDP 比重

进一步分析 2017 年西部地区各省（区、市）生态保护修复支出占 GDP 比重的差
异性，如图 4-41 所示。结果表明，较高的主要为西藏、青海 2 省（区），支出占 GDP
比重分别为 6.79%、5.55%；其次是内蒙古、宁夏、甘肃、贵州、新疆、云南 6 省（区），
支出占 GDP 比重在 2.23%～3.38%，上述 7 省（区）支出占 GDP 比重均超过 2017 年
西部地区整体水平（2.01%）；广西、陕西、重庆、四川 4 省（区、市）支出占 GDP 比
重则低于 2017 年西部地区整体水平（2.01%），在 1.06%～1.92%，但仍大于东部地区
大部分省份。总体来看，西部地区各省支出占 GDP 比重差距也较大，最高的是最低的
6.4 倍。

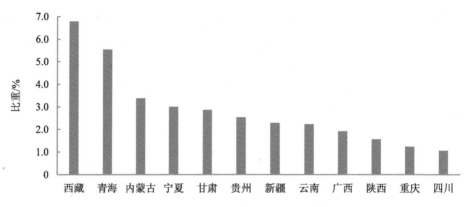

图 4-41　2017 年西部地区各省（区、市）生态保护修复支出占 GDP 比重

4.3.5.2　支出相对于 GDP 的弹性系数

西部地区生态保护修复支出总量相对于 GDP 的弹性系数波动也较为明显，受生态保护政策驱动明显。具体来看，1990 年受森林支出快速增加的影响，弹性系数达到峰值 11.9；1991—1995 年弹性系数大多小于 1，1996—2003 年弹性系数逐渐增加到大于 1，尤其受城镇支出快速增加的影响，弹性系数在 1999 年达到峰值 28.2；2004—2017 年弹性系数的波动性较前期有所下降，在-0.1～6.5，其中 2006 年、2008—2010 年、2012 年、2016—2017 年弹性系数大于 1，尤其是 2008 年受水土保持及生态和城镇等类型支出快速增加影响弹性系数达到峰值 6.5，其余年份弹性系数小于 1（图 4-42）。总体来看，1987—2017 年，西部地区有一半以上时间（18 年）弹性系数大于 1，即支出总量增速大于 GDP 增速。

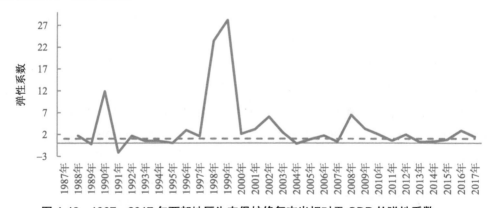

图 4-42　1987—2017 年西部地区生态保护修复支出相对于 GDP 的弹性系数

4.3.6　小结

（1）支出总量。1987—2017 年，西部地区生态保护修复支出总量持续快速增长，2017 年支出总量增加到 3 383.5 亿元，约是 1987 年的 3 558 倍，支出占 GDP 的比重为 2.01%。从不同时期来看，1996—2000 年、2001—2005 年、2006—2010 年 3 个时期累计支出增加较快，分别是上一时期的 8.7 倍、5.2 倍、4.7 倍，且森林、城镇、水土保持及生态支出增加对上述时期总支出增加发挥了巨大的带动作用。

（2）支出结构。支出类型结构不断丰富和完善，已由最初森林支出独大（95.2%），逐渐转变为 2017 年的城镇（23.9%）、森林（29.0%）和水土保持及生态（25.5%）三类并重，其他类型支出互为补充的支出体系。不同时期来看，2001—2005 年以前主要以森林支出为主，2006—2017 年各个时期主要以森林、城镇、水土保持及生态三类支出为主。

（3）分省份差异。1987—2017 年，西部地区各省（区、市）累计支出较高且超过全区域平均水平的从大到小依次为内蒙古、广西、四川、云南、重庆、陕西 6 省（区、市）；单位国土面积累计支出最高的为重庆。从不同时期来看，累计支出最高与最低的比值由最初的 50.0 降低至 6.3，支出占比超过全区域平均水平的省份个数由最初的 5 个增加到 6 个，表明各省（区、市）支出差异逐渐缩小。2017 年支出结构以城镇或水土保持及生态支出占比最高的省份居多。

（4）经济关联分析。1987—2017 年，西部地区生态保护修复支出占 GDP 比重呈平稳较快增长趋势，1987—1997 年均在 0.10% 以下，1998—2003 年和 2008—2012 年分别有两次快速增长期，2012 年达到峰值 1.98%，2016—2017 年再次增长到历史新高 1.95%、2.01%。支出总量相对于 GDP 的弹性系数波动较为明显，且有一半以上时间（18 年）弹性系数大于 1，即支出总量增速大于 GDP 增速。2017 年西部地区各省（区、市）支出占 GDP 比重差距较大，较高的省份主要为西藏、青海。

4.4　东北地区

4.4.1　账户列报

1987—2017 年，东北地区生态保护修复累计支出为 4 378.3 亿元，其中单一生态系统保护修复累计支出为 3 252.1 亿元，占比为 74.3%，生态系统整体性保护修复累计支出为 1 126.2 亿元，占比为 25.7%。2017 年，东北地区生态保护修复支出约为 465.4 亿元，其中单一生态系统保护修复支出为 313.9 亿元，占比为 67.5%，生态系统整体性保护修复支出为 151.5 元，占比为 32.5%（表 4-13）。

表 4-13　1987—2017 年东北地区生态保护修复现状和累计支出

支出类型	累计支出/亿元	比例/%	2017 年支出/亿元	比例/%
1. 单一生态系统保护修复	3 252.1	74.3	313.9	67.5
1.1 森林	2 020.0	46.1	235.4	50.6
1.2 草地	—	—	—	—
1.3 湿地	13.2	0.3	1.7	0.4
1.4 农田	37.0	0.8	22.5	4.8
1.5 城镇	1 175.8	26.9	50.1	10.8
1.6 荒漠	0.5	0.01	0.3	0.1
1.7 海洋	5.5	0.1	4.0	0.9
2. 生态系统整体性保护修复	1 126.2	25.7	151.5	32.5
2.1 重要（点）生态功能区	304.6	7.0	42.8	9.2
2.2 自然保护地	52.0	1.2	1.9	0.4
2.3 水土保持及生态	648.7	14.8	94.1	20.2
2.4 矿山环境恢复治理	110.9	2.5	2.6	0.6
2.5 重点生态保护修复专项	10.0	0.2	10.0	2.1
合计（1+2）	4 378.3	100.0	465.4	100.0

注："—"表示无分地区数据。

4.4.2　支出总量及其变化

4.4.2.1　总体变化特征

1987—2017 年，东北地区生态保护修复支出总量不断增加，近 30 年累计支出 4 378.3 亿元，2017 年支出总量为 465.4 亿元，是 1987 年的 524 倍左右。具体来看，1987 年支出总量仅为 0.9 亿元，1998 年支出总量增加到 8.7 亿元，是 1987 年的 9.8 倍；1999 年支出总量快速增加到 16.8 亿元，是 1998 年的近 2 倍；2008 年支出总量快速增加到 138.6 亿元，首次突破 100 亿元，是 1999 年的 8 倍多；2011 年支出总量快速增加到最高值 579.0 亿元，首次突破 500 亿元，是 2008 年的 4 倍多，随后支出总量先降低后增加，2017 年增加到 465.4 亿元（图 4-43）。

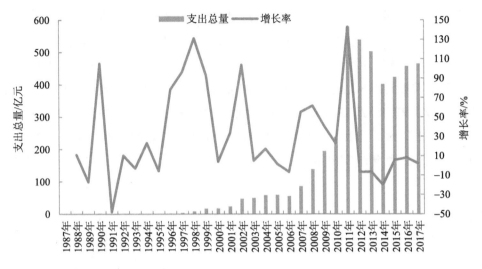

图 4-43　1987—2017 年东北地区生态保护修复支出总量及其变化

从支出年增长率来看，1990—2011 年主要为支出较快增长期，但年增长率的波动性较大，除个别年份为负值外，其余年份大多超过 10%，最高达 142.7%；2012—2017 年支出增速放缓，2012—2014 年支出增长率为负值，2015—2017 年支出增长率在 1.8%~7.9%。具体来看，1990 年国家加大森林生态保护修复力度，支出增长率达到历史第一高点，为 105.0%；随后支出增长率有所下降，1996—1999 年受森林、城镇支出快速增加的影响，支出增速再次加快并维持较高水平，分别为 78.3%、96.4%、131.0%、92.8%；随后支出增长率再次下降，2002 年、2008 年、2011 年受城镇、森林、水土保持及生态等类型支出快速增加影响，支出增速再次加快并分别达到 103.7%、61.4%、142.7% 的较高水平；2012 年后支出增速明显放缓，支出增长率均低于 7.9%，个别年份为负值（图 4-43）。

4.4.2.2　分阶段变化特征

进一步按不同规划建设时期分析支出总量的分阶段特征。1987—1990 年支出总量和年均支出均最低，分别为 4.4 亿元、1.1 亿元。1996 年以后每 5 年支出总量相比上一时期均成倍增长，尤其是 1996—2000 年累计支出增速最快，高达 879.4%。

具体来看，1991—1995 年支出总量增加到 5.0 亿元，年均支出 1.0 亿元，年均支出略低于上一时期；1996—2000 年支出总量增加到 48.8 亿元，年均支出 9.8 亿元，是上一时期的 9.8 倍，支出增长率达 879.4%；2001—2005 年支出总量增加到 238.7 亿元，年均支出 47.7 亿元，是上一时期的 4.9 倍，支出增长率为 389.2%；2006—2010 年支出总量增加到 713.1 亿元，年均支出 142.6 亿元，是上一时期的 3 倍，支出增长率为 198.7%；2011—2015 年支出总量增加到 2 445.8 亿元，首次突破 2 000 亿元，年均支出 489.2 亿元，是上一时期的 3.4 倍，支出增长率为 243.0%；2016—2017 年支出总量 922.5 亿元，年均支出 461.2 亿元，年均支出低于上一时期（图 4-44 和图 4-45）。

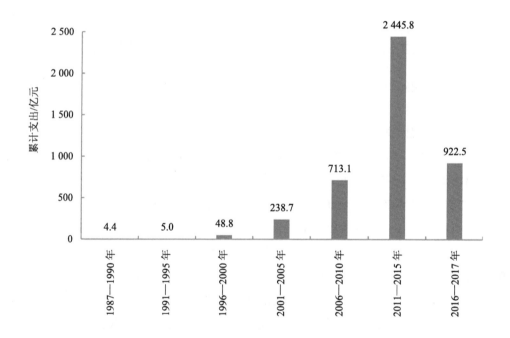

图 4-44 不同时期东北地区生态保护修复累计支出变化

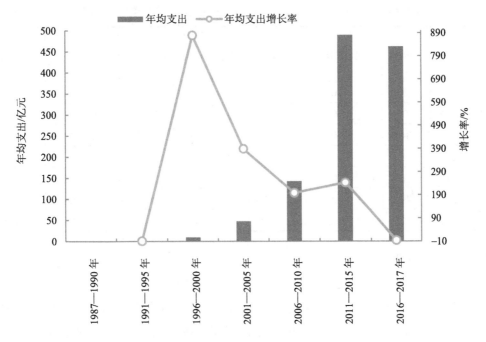

图 4-45　不同时期东北地区生态保护修复年均支出及其变化

4.4.2.3　各类型支出增加贡献率

（1）规划时期内

进一步分析东北地区不同支出类型对各个规划时期内支出增加（期末相对期初增加量）的贡献程度，结果表明，1987—1990 年和 1991—1995 年 2 个时期，主要以森林支出为主带动总支出增加，贡献率分别为 100.6%、105.2%；1996—2000 年、2001—2005年、2011—2015 年 3 个时期主要以城镇和森林支出为主带动总支出增加，其中 1996—2000 年二者贡献率分别为 64.6%、34.5%，2001—2005 年分别为 46.1%、48.1%，2011—2015 年分别为 55.6%、49.1%；2006—2010 年主要以水土保持及生态、城镇、森林、重点生态功能区支出为主带动总支出增加，贡献率分别为 31.7%、27.5%、16.8%、14.3%；2016—2017 年城镇支出明显减少，贡献为负，因此支出转变为以重点生态保护修复专项、农田、水土保持及生态支出为主带动总支出增加，贡献率分别为 121.0%、95.3%、76.3%（表 4-14）。

表4-14 东北地区各支出类型对不同规划时期内总支出增加的贡献率 单位：%

时期	森林	湿地	农田	城镇	荒漠	海洋	重点生态功能区	自然保护地	水土保持及生态	矿山环境恢复治理	重点生态保护修复专项
1987—1990 年	100.6	0	0	0	0	0	0	-0.6	0	0	0
1991—1995 年	105.2	0	0	0	0	0	0	-5.2	0	0	0
1996—2000 年	34.5	0	0	64.6	0	0	0	0.9	0	0	0
2001—2005 年	48.1	0	0	46.1	0	0	0	0.8	0	5.0	0
2006—2010 年	16.8	0.2	0	27.5	0	0	14.3	1.3	31.7	8.2	0
2011—2015 年	49.1	-1.5	0	55.6	-0.1	0	-8.0	0.8	1.2	2.8	0
2016—2017 年	42.3	-2.2	95.3	-268.2	1.8	30.0	10.0	-16.1	76.3	9.8	121.0

（2）规划时期间

重点分析东北地区各支出类型对不同规划时期间累计支出增加（相对上一时期累计支出的增加量）的贡献程度，结果表明，1991—1995 年主要以森林支出为主带动累计支出增加，贡献率高达 89.6%。1996—2000 年和 2001—2005 年则主要以森林、城镇支出为主带动累计支出增加，其中 1996—2000 年二者贡献率分别为 58.8%、40.7%，2001—2005 年分别为 42.7%、54.4%。2006—2010 年转变为以城镇、水土保持及生态、森林三类支出为主带动累计支出增加，且贡献率差距较小，分别为 34.2%、22.1%、21.2%；2011—2015 年仍以森林、城镇、水土保持及生态支出为主带动累计支出增加，但森林支出的贡献率上升至 56.4%，城镇、水土保持及生态支出的贡献率相对较低，分别为 20.1%、14.8%（表 4-15）。

表4-15 东北地区各支出类型对不同规划时期间累计支出增加的贡献率 单位：%

时期	森林	湿地	城镇	重点生态功能区	自然保护地	水土保持及生态	矿山环境恢复治理
1991—1995 年	89.6	0	0	0	10.4	0	0
1996—2000 年	58.8	0	40.7	0	0.4	0	0
2001—2005 年	42.7	0	54.4	0	1.4	0	1.5
2006—2010 年	21.2	0.3	34.2	9.8	4.6	22.1	7.8
2011—2015 年	56.4	0.4	20.1	7.3	-0.4	14.8	1.4

注：仅分析完整的五年规划时期。

4.4.3　支出类型结构及其变化

4.4.3.1　总体变化特征

　　1987 年以来，东北地区生态保护修复支出类型和结构不断优化和完善。由最初 1987 年的几乎全部为森林支出（98.1%）转变为向不同要素及重点区域倾斜。具体来看，1987—1998 年几乎全部为森林支出，占比平均为 98.7%；1999—2007 年转变为以森林、城镇两类支出为主，其中森林支出占比在 34.0%～55.4%，城镇支出占比在 43.8%～63.4%；2008—2017 年转变为以森林、城镇、水土保持及生态三类支出为主，其中森林支出占比逐年上升，在 28.7%～51.9%，城镇支出占比逐年下降，在 10.8%～44.0%，水土保持及生态支出占比逐年上升，在 10.3%～24.3%（图 4-46）。

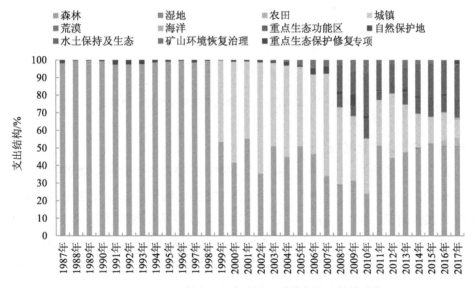

图 4-46　1987—2017 年东北地区生态保护修复支出结构变化

　　截至 2017 年，生态保护修复支出呈以森林（50.6%）和水土保持及生态（20.2%）支出为主，城镇（10.8%）、重点生态功能区（9.2%）、农田（4.8%）、重点生态保护修复专项（2.1%）、海洋（0.9%）、矿山环境恢复治理（0.6%）、自然保护地（0.4%）、湿地（0.4%）、荒漠（0.1%）等各类型支出为补充的总体结构（图 4-47）。

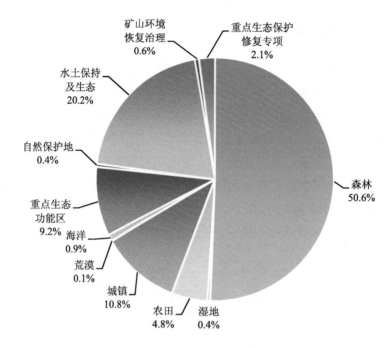

图 4-47　2017 年东北地区生态保护修复支出结构

4.4.3.2　分阶段变化特征

　　从不同时期来看,1987—1990 年和 1991—1995 年 2 个时期主要以森林支出为主,占比分别高达 99.2%、98.0%,自然保护地支出比例较低,仅分别为 0.8%、2.0%。1996—2000 年和 2001—2005 年 2 个时期主要以森林和城镇支出为主,其中森林支出占比分别为 62.8%、46.8%,城镇支出占比分别为 36.6%、50.8%。2006—2010 年、2011—2015 年、2016—2017 年 3 个时期主要以城镇、森林、水土保持及生态支出为主,其中城镇支出占比逐渐下降,三个时期分别为 39.7%、25.8%、13.3%,森林支出占比明显上升,分别为 29.8%、48.6%、50.7%,水土保持及生态支出占比也有所上升,分别为 14.7%、14.8%、19.7%（图 4-48）。

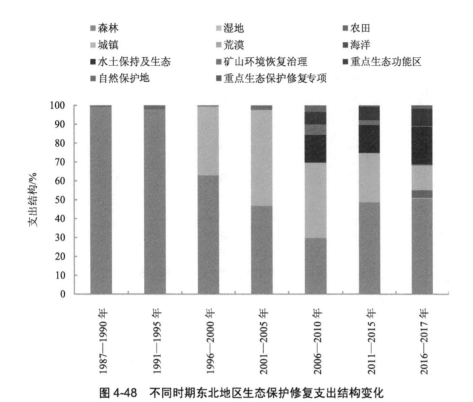

图 4-48 不同时期东北地区生态保护修复支出结构变化

4.4.4 支出地区差异

4.4.4.1 现状支出

2017 年，东北地区各省支出总量从大到小依次为黑龙江、吉林、辽宁，最高的是最低的 2.5 倍。其中，黑龙江、吉林支出相对较高，分别为 199.3 亿元、185.5 亿元，占东北地区总支出的比例分别为 42.8%、39.9%；辽宁支出最低，为 80.6 亿元，占比为 17.3%（图 4-49）。与东部地区相比，2017 年东北地区支出总量较高的黑龙江、吉林仅处于东部地区下游水平。

2017 年，东北地区各省单位国土面积生态保护修复支出差距相对较小，最高的是最低的 2 倍多。具体来看，最高的为吉林，其次是辽宁、黑龙江，单位国土面积支出分别为 9.8 万元/km²、5.4 万元/km²、4.5 万元/km²（图 4-50）。与其他地区相比，2017 年东北地区单位国土面积支出最高的吉林省远低于东部、中部地区所有省份，处于西部地区中游水平。

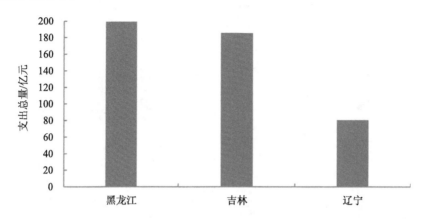

图 4-49　2017 年东北地区各省生态保护修复支出情况

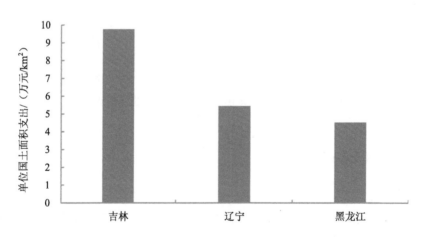

图 4-50　2017 年东北地区各省单位国土面积生态保护修复支出情况

4.4.4.2　累计支出

1987—2017 年，东北地区各省生态保护修复累计支出从大到小依次为辽宁、黑龙江、吉林，最高的是最低的 1.6 倍。其中，辽宁、黑龙江累计支出相对较高，分别为 1 695.9 亿元、1 600.4 亿元，占东北地区总支出的比例分别为 38.7%、36.6%；吉林累计支出最低，为 1 082.0 亿元，占比为 24.7%（图 4-51）。与其他地区相比，东北地区累计支出总量较高的辽宁、黑龙江仅处于东部、中部、西部地区下游水平。

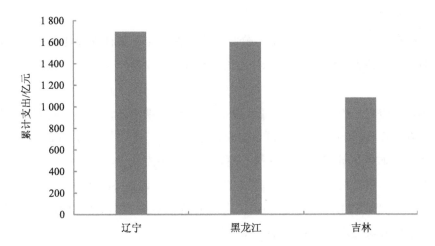

图 4-51　1987—2017 年东北地区各省生态保护修复累计支出情况

1987—2017 年，东北地区各省单位国土面积生态保护修复累计支出差异相对较小，最高的是最低的 3.1 倍。具体来看，最高的为辽宁，其次是吉林、黑龙江，单位国土面积累计支出分别为 114.5 万元/km²、56.9 万元/km²、36.4 万元/km²（图 4-52）。与其他地区相比，东北地区单位国土面积累计支出最高的辽宁省低于东部、中部地区所有省（区、市），但处于西部地区上游水平。

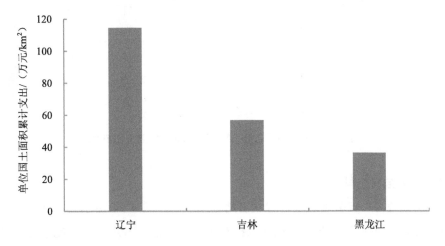

图 4-52　1987—2017 年东北地区各省单位国土面积生态保护修复累计支出情况

4.4.4.3 分阶段支出

重点分析东北地区各省（区、市）分时期生态保护修复累计支出比例的差异，结果表明，不同时期各省（区、市）累计支出差异均相对较小，支出最高与最低的比值在 1.6～2.6。

具体来看，1987—1990 年和 1991—1995 年 2 个时期，累计支出最高的为吉林，占比分别为 44.5%、51.0%；黑龙江、辽宁分别居于第二位，占比分别为 36.6%、24.9%。1996 年以后每个时期累计支出排序保持不变，从大到小为辽宁、黑龙江、吉林，其中辽宁累计支出占比在 39.2%～50.6%，黑龙江累计支出占比在 30.0%～36.1%，吉林累计支出占比在 17.8%～24.7%。2016—2017 年累计支出从大到小依次为黑龙江、吉林、辽宁，占比分别为 42.2%、37.8%、19.9%（图 4-53）。

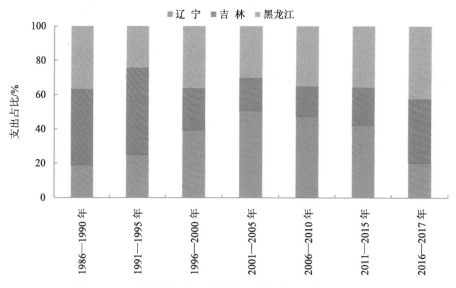

图 4-53　东北地区各省分时期生态保护修复支出占比

4.4.4.4 支出结构差异

重点分析 2017 年东北地区各省支出结构差异，如图 4-54 所示。总体来看，东北地区各省支出结构主要以森林、水土保持及生态、城镇、重点生态功能区等类型支出为主，且均为森林支出占比最高。

具体来看，黑龙江、辽宁、吉林 3 省森林支出占比分别为 65.6%、43.1%、37.7%，

均超过 37%。其中辽宁、吉林 2 省的水土保持及生态支出占比居于第二位，分别为 22.6%、
32.5%，城镇支出占比居于第三位，分别为 16.4%、13.4%；黑龙江的重点生态功能区
（13.8%）、水土保持及生态（7.8%）支出占比分别居于第二位、第三位。

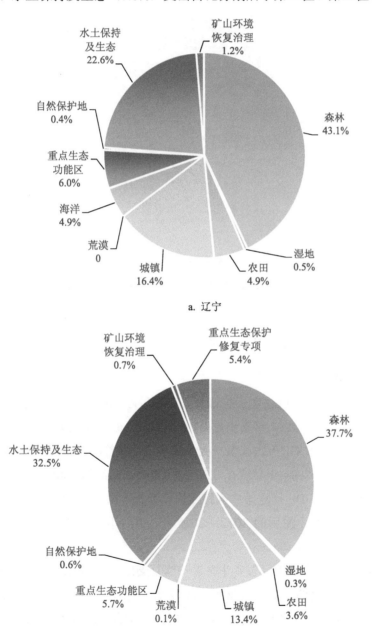

a. 辽宁

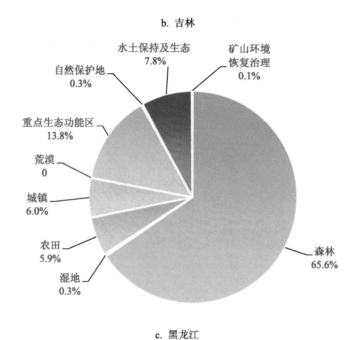

图 4-54　2017 年东北地区各省生态保护修复支出结构

4.4.5　与经济数据关联性分析

4.4.5.1　支出占 GDP 比重

1987—2017 年，东北地区生态保护修复支出总量占 GDP 比重呈增长趋势，并具有明显的阶段特征。1987—1997 年支出占 GDP 比重较低且变化较为平稳，均在 0.08%以下；1998 年开始支出占 GDP 比重第一次快速增长，并首次增加到 0.11%，2002 年达到峰值 0.42%，2003—2004 年稳定在 0.39%～0.40%；随后的 2005—2006 年有所下降，2007 年开始支出占 GDP 比重第二次持续快速增长，由 2007 年的 0.37%快速增长到 2011 年的峰值 1.28%，随后的 2012—2017 年有所下降并维持在 0.70%～1.07%（图 4-55）。

进一步分析 2017 年东北地区各省生态保护修复支出占 GDP 比重的差异性，如图 4-56 所示。结果表明，较高的主要为黑龙江、吉林 2 省，支出占 GDP 比重分别为 1.25%、1.24%，超过 2017 年东北地区整体水平（0.86%）；辽宁省支出占 GDP 比重最低，仅

0.34%，远低于黑龙江和吉林。总体来看，东北地区各省支出占 GDP 比重差距相对较大，最高的是最低的近 3.6 倍。

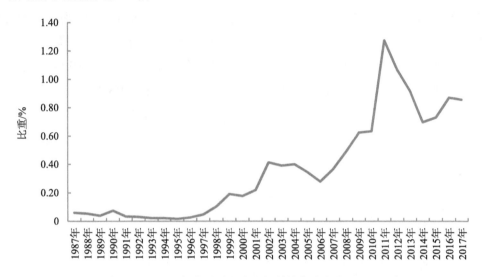

图 4-55　1987—2017 年东北地区生态保护修复支出占 GDP 比重

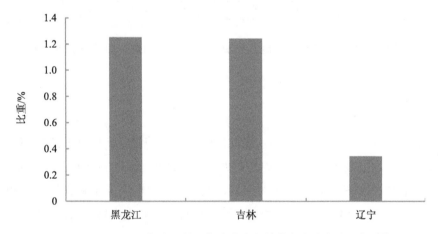

图 4-56　2017 年东北地区各省生态保护修复支出占 GDP 比重

4.4.5.2　支出相对于 GDP 的弹性系数

东北地区生态保护修复支出总量相对于 GDP 的弹性系数波动也较为明显。具体来看，1990 年受森林支出快速增加的影响，弹性系数达到峰值 12.0；1991—1995 年弹性系数均小于 1，1996—2002 年弹性系数逐渐增加到大于 1，尤其受城镇支出快速增加的影响，弹性系数在 1998 年达到峰值 19.5；2003—2006 年弹性系数小于 1，2007—2011 年弹性系数增加到大于 1，尤其是 2011 年受森林支出快速增加影响，弹性系数达到峰值 6.8；2012—2017 年弹性系数大多小于 1，仅 2015 年受 GDP 增速下降和各类支出增加共同影响，弹性系数达到峰值 9.0（图 4-57）。总体来看，1987—2017 年，东北地区有近一半时间（14 年）弹性系数大于 1，即支出总量增速大于 GDP 增速。

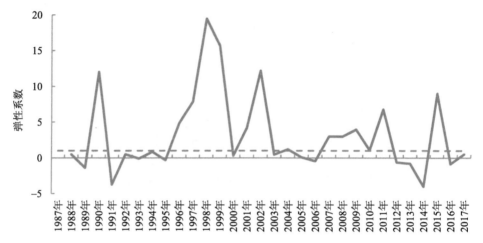

图 4-57　1987—2017 年东北地区生态保护修复支出相对于 GDP 的弹性系数

4.4.6　小结

（1）支出总量。1987—2017 年，东北地区生态保护修复支出总量持续快速增长，2017 年支出总量增加到 465.4 亿元，约是 1987 年的 524 倍，支出占 GDP 的比重为 0.86%。从不同时期来看，1996 年以后每个时期累计支出增加均较快，分别是上一时期的 9.8 倍、4.9 倍、3 倍、3.4 倍，且森林、城镇、水土保持及生态支出增加对上述时期总支出增加发挥了巨大的带动作用。

（2）支出结构。支出类型结构不断丰富和完善，已由最初森林支出独大（98.1%），逐渐转变为 2017 年的森林（50.6%）和水土保持及生态（20.2%）支出为主，其他类型支出互为补充的支出体系。从不同时期来看，1991—1995 年以前主要以森林支出为主，1996—2000 年和 2001—2005 年 2 个时期主要以森林和城镇支出为主，2006—2010 年、

2011—2015 年、2016—2017 年 3 个时期主要以城镇、森林、水土保持及生态三类支出为主。

（3）分省差异。1987—2017 年，东北地区各省累计支出从大到小依次为辽宁、黑龙江、吉林；单位国土面积累计支出最高的为辽宁。从不同时期来看，累计支出最高与最低的比值在 1.6～2.6，各省支出差异相对较小。2017 年各省均以森林支出占比最高。

（4）经济关联分析。1987—2017 年，东北地区生态保护修复支出占 GDP 比重呈平稳较快增长趋势，1987—1997 年均在 0.08%以下，1998—2002 年和 2007—2011 年分别有两次快速增长期，2011 年达到峰值 1.28%，2012—2017 年降至 0.70%～1.07%。支出总量相对于 GDP 的弹性系数波动较为明显，且有近一半时间（14 年）弹性系数大于 1，即支出总量增速大于 GDP 增速。2017 年东北地区各省支出占 GDP 比重差距较大，较高的省份主要为黑龙江、吉林。

4.5　本章总结

综上分析，我国东部、中部、西部、东北四大地区的生态保护修复支出总量、类型结构、支出与经济发展关联分析等变化趋势总体较为一致。1996—2000 年、2001—2005 年、2006—2010 年 3 个时期均是累计支出快速增长期，不同时期支出类型结构均经历了从以森林单一类型支出为主到以森林和城镇两类支出为主，再到以森林、城镇、水土保持及生态三类支出为主的转变过程，各地区支出占 GDP 比重均经历两次快速增长期，有一半左右时间支出增速大于 GDP 增速，生态保护修复支出受政策驱动明显。各地区分省（区、市）支出差异较为明显，总体来看，东北地区、中部地区各省（区、市）支出相对更加均衡，西部地区、东部地区各省（区、市）支出差异性较大。

第 5 章
分类型生态保护修复支出及其变化

5.1 森林

5.1.1 数据说明

森林生态系统保护修复支出数据主要来自历年《中国林业统计年鉴》中的各地区林业投资完成情况表，包括林业生态建设与保护、林业支撑与保障两项内容，全国数据时间为 1953—2017 年（表 2-6），分地区数据时间为 1987—2017 年（表 2-7）。不同历史时期其统计口径、科目略有不同，这里均按照相同的统计口径对数据进行归类整合，具体如表 5-1 所示。其中，1953—1978 年的统计资料缺少分领域投资数据，这里根据 1979—1987 年林业生态建设与保护、林业支撑与保障两项内容占比（约 67.6%）进行简单估算。

表 5-1 不同历史时期林业生态建设与保护支出数据归类口径

历史时期	统计指标				
1979—1981 年	造林	低产林改造	成林抚育	—	—	—
1982—1987 年	造林	低产林改造	成林抚育	幼林抚育	—	—
1988 年	造林	低产林改造	成林抚育	中幼林抚育	—	—
1989—1996 年	造林	低产林改造		中幼林抚育	—	—
1997 年	造林	低产林改造		中幼林抚育	国有天然林改造	
1998 年	造林	迹地更新	低产林改造	中幼林抚育	封山育林	国有天然林保护
1999—2000 年	造林	迹地更新	低产林改造	中幼林抚育	封山育林	—

历史时期	统计指标					
2001—2003 年	造林	迹地更新	低产林改造	中幼林抚育	封山育林	森林管护
2004—2006 年	造林	迹地更新	低产林改造	中幼林抚育	封山（沙）育林	森林管护
2007—2010 年	造林	更新造林	低产林改造	中幼林抚育	森林管护	—
2011 年	造林	更新	森林抚育	—	其他	—
2012—2013 年	造林	更新	森林抚育	森林生态效益补偿	其他（含生态工程补助资金）	
2014 年	造林与更新		森林抚育与管护	森林生态效益补偿	其他（含生态工程补助资金）	
2015 年	营造林			生态保护补偿	其他（含生态工程补助资金）	
2016 年	营造林			生态保护补偿	其他	
2017 年	营造林抚育与森林质量提升					

注：自 2011 年起，《中国林业统计年鉴》林业投资情况中明确划分了林业生态建设与保护、林业支撑与保障两大类，1979—2010 年数据根据 2011 年的统计科目进行重新归类。

表 5-2　不同历史时期林业支撑与保障支出数据归类口径

历史时期	统计指标										
1979—1983 年	林木良种	护林防火	森林病虫害防治	林业调查规划设计	文化教育卫生	科学实验研究	营林机械制造与修理	林业水利设施	—	—	—
1984—1988 年	林木良种	护林防火	森林病虫害防治	林业调查规划设计	文化教育卫生	科学实验研究	营林机械制造与修理	林业水利设施	森林公园	—	—
1989—1991 年	林木良种	护林防火	森林病虫害防治	林业调查规划设计	文化教育卫生	科学实验研究	营林机械制造与修理	林业水利设施	森林公园	林业工作站	—
1992 年	林木良种	护林防火	森林病虫害防治	林业调查规划设计	文化教育卫生	科学实验研究	营林机械制造与修理	林业水利设施	森林公园	林业工作站	林业公安
1993—1994 年	林木良种	护林防火	森林病虫害防治	林业调查规划设计	文化教育卫生	科学实验研究与技术推广	营林机械制造与修理	林业水利设施	森林公园	林业工作站	林业公安
1995—1996 年	林木良种	护林防火	森林病虫鼠害防治	林业调查规划设计	文化教育卫生	科学实验研究与技术推广	营林机械制造与修理	林业水利设施	森林公园	林业工作站	林业公安

历史时期	统计指标										
1997年	林木良种	护林防火	森林病虫鼠害防治	林业调查规划设计	文化教育卫生	科学实验研究与技术推广	营林机械制造与修理	林业水利设施	森林公园	林业工作站	林业公安
1998年	林木良种	护林防火	森林病虫鼠害防治	林业调查规划设计	文化教育卫生	科学实验研究与技术推广	营林机械制造与修理	林业水利设施	森林公园	林业工作站	林业公安
1999—2000年	种苗工程	护林防火	森林病虫鼠害防治	林业调查规划设计	林业教育	林业科技及重点实验室	—	—	森林公园	林业工作站	森林公安
2001—2010年	种苗工程	森林防火	森林病虫鼠害防治	林业调查规划设计	林业教育	林业科技及重点实验室	—	—	森林公园	林业工作站	森林公安
2011年	林木种苗	森林防火	林业有害生物防治	科技教育	其他	—	—	—	—	—	—
2012—2015年	林木种苗	森林防火与森林公安	林业有害生物防治	科技教育	林业信息化	其他	—	—	—	—	—
2016年	林木种苗	森林防火与森林公安	林业有害生物防治	科技教育	林业信息化	其他	—	—	—	—	—
2017年	林木种苗	森林防火与森林公安	林业有害生物防治	林业科技、教育、法治、宣传等	林业信息化	林业改革补助	林业管理财政事业费	—	—	—	—

5.1.2 总量变化

1953—2017年，全国森林生态系统保护修复支出总量不断增长，由中华人民共和国成立初期仅0.03亿～0.05亿元增长到2017年的2 436.5亿元，增长了近74 000倍，近70年累计支出高达17 996.9亿元（图5-1a）。

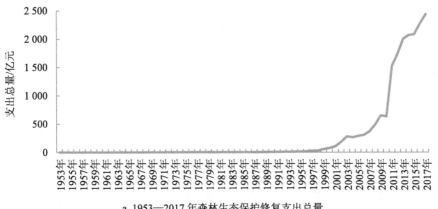

a. 1953—2017 年森林生态保护修复支出总量

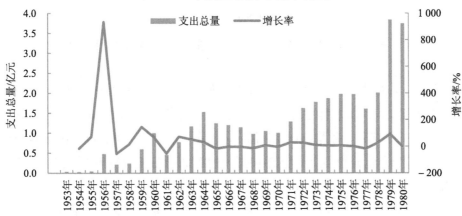

b. 1953—1980 年

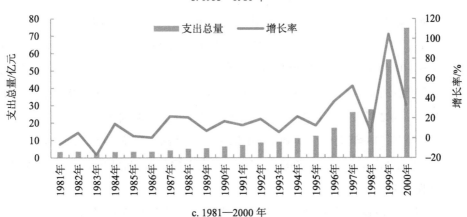

c. 1981—2000 年

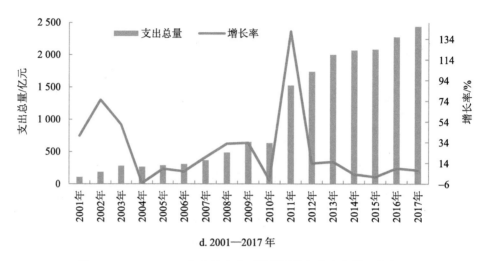

d. 2001—2017 年

图 5-1　1953—2017 年森林生态系统保护修复支出总量及变化

具体来看，中华人民共和国成立初期至改革开放初期（1953—1980 年）森林生态系统保护修复支出总量总体相对较小、增长较为缓慢且存在较大的波动性，支出总量在 0.03 亿～3.75 亿元，年均支出 1.2 亿元，仅在 1956 年、1959 年、1978 年出现快速成倍增长，支出总量分别是上一年的 10 倍、3 倍、2 倍左右，年增加率分别在 935.2%、145.3%、91.1%。（图 5-1b）。

1981—2000 年，支出总量呈明显增长趋势，尤其是自 1990 年后每五年支出成倍增长，1995 年支出是 1990 年的近 2 倍，2000 年支出是 1995 年的近 6 倍。支出总量在 3.5 亿～74.6 亿元，年均支出 14.7 亿元，在 1994 年支出增加到 11.2 亿元，首次突破 10 亿元，1997 年、1999 年支出增长较快，年增长率分别为 52.1%、104.2%（图 5-1c）。

2001—2017 年，支出总量持续成倍增长，支出总量在 104.7 亿～2 436.5 亿元，年均支出 1 039.3 亿元，在 2001 年支出增加到 104.7 亿元，首次突破 100 亿元；2006 年支出增加到 304.2 亿元，首次突破 300 亿元；2011 年支出增加到 1 523.3 亿元，首次突破 1 500 亿元；2013 年支出增加到 2 001.05 亿元，首次突破 2 000 亿元，随后几年增长放缓，维持在 2 000 亿元以上。2002 年、2011 年支出增长较快，年增加率分别为 75.3%、141.4%（图 5-1d）。

从不同规划建设时期来看，中华人民共和国成立初期至改革开放初期（1953—1980 年）森林生态系统保护修复累计支出为 34.9 亿元，年均支出 1.2 亿元；1981—1985 年累计支出为 17.3 亿元，年均支出 3.5 亿元，约是上一时期的 2.8 倍；1986—1990 年累计支出为 25.2 亿元，年均支出 5.0 亿元，约是上一时期的 1.5 倍；1991—1995 年累计支出为 49.0 亿元，年均支出 9.8 亿元，约是上一时期的 1.9 倍。

自 1996—2000 年起开始，各时期累计支出迅速增长。其中，1996—2000 年累计支出为 201.9 亿元，年均支出 40.4 亿元，是上一时期的 4.1 倍，增加率高达 311.9%；2001—2005 年累计支出为 1 116.8 亿元，年均支出 223.4 亿元，是上一时期的 5.5 倍，增加率高达 453.2%；2006—2010 年累计支出为 2 431.4 亿元，年均支出 486.3 亿元，是上一时期的 2.2 倍，支出增速有所放缓，增加率为 117.7%；2011—2015 年累计支出为 9 410.8 亿元，年均支出为 1 882.2 亿元，是上一时期的 3.9 倍，增加率为 287.1%；2016—2017 年累计支出为 4 709.7 亿元，年均支出为 2 354.9 亿元，其年均支出是上一时期的 1.3 倍（图 5-2 和图 5-3）。

从保护细分领域来看，森林生态系统保护修复支出主要以林业生态建设与保护为主，1979—2017 年[①]平均占比在 76.2% 左右，最低为 1989 年的 51.1%，最高为 2009 年的 92.3%；除 20 世纪 80 年代中期至 90 年代中期占比出现下降外，2000 年后的近 20 年占比平均高达 86.4%（图 5-4）。

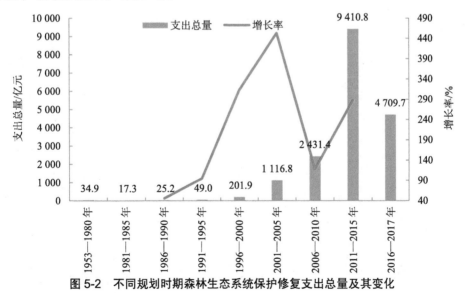

图 5-2 不同规划时期森林生态系统保护修复支出总量及其变化

---

① 1979 年前的林业统计资料未进行保护领域细分。

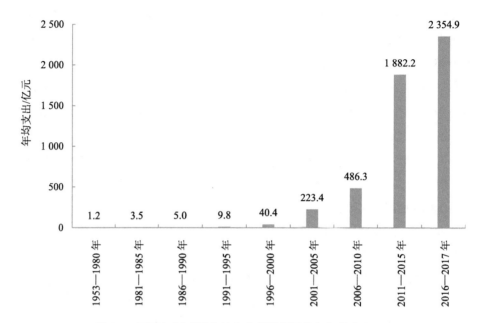

图 5-3　不同规划时期森林生态系统保护修复年均支出

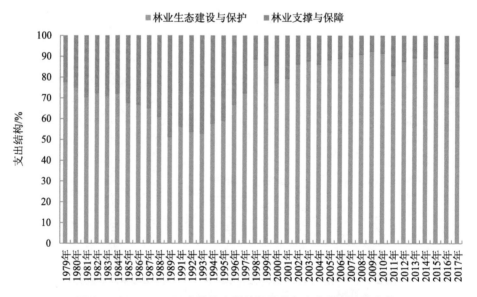

图 5-4　1979—2017 森林生态系统保护修复支出类型结构变化

5.1.3　地区差异

（1）分地区

1987—2017 年，森林生态系统保护修复支出经历了从最初以中部地区为主，到以西部地区为主的转变。1987 年中部地区支出占比最高，为 34.2%，1988 年以后西部地区支出占比逐年升高，并在 1999—2002 年最高，平均接近 60%，2003 年后西部地区支出占比略有降低，但仍维持在 32.9%～53.7%，稳居全国最高，2017 年西部地区支出占比达到 40.2%（图 5-5）。

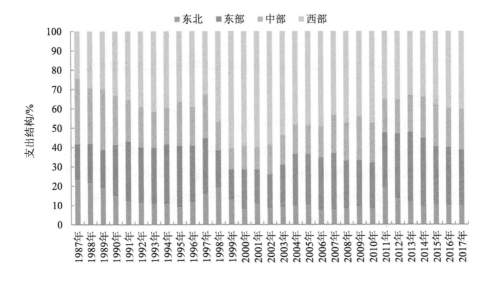

图 5-5　1987—2017 年分地区森林生态系统保护修复支出占比

从不同规划时期来看，森林生态系统保护修复支出均以西部地区为主，其次是中部或东部地区，东北地区持续最低。近 30 年来西部地区支出占比呈先增加后减少的趋势。1986—1990 年，西部地区支出占比为 30.5%，略高于中部地区的 28.7%；1991—1995 年，西部地区占比增加到 38.4%，1996—2000 年、2001—2005 年 2 个时期最高，分别增加到 53.3%、52.7%；2006 年以后每个时期西部地区占比略有下降，分别为 46.2%、35.1%、40.0%（图 5-6）。

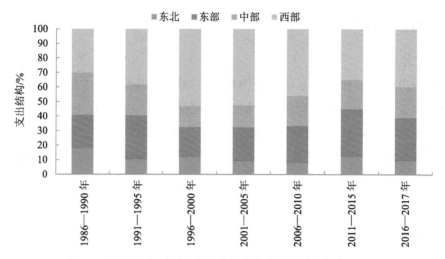

图 5-6　不同规划时期分地区森林生态系统保护修复支出占比

（2）分省（区、市）

从 2017 年现状支出来看，排名前十的为北京、广西、内蒙古、黑龙江、山东、湖南、四川、山西、河北、云南，支出占比在 4.1%～7.9%（图 5-7）。从各省累计支出来看，排名前十的为广西、北京、内蒙古、山东、四川、山西、黑龙江、江苏、湖南、辽宁，支出占比在 3.6%～7.6%（图 5-8）。无论是现状还是累计支出，排名前十的省（区、市）中，东部、中部、西部分布相对均衡。

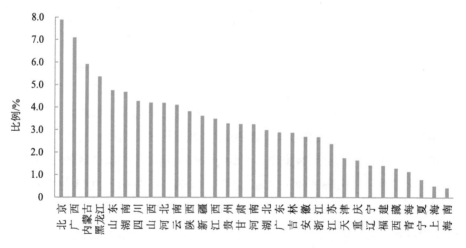

图 5-7　2017 年各省（区、市）森林生态系统保护修复支出占比

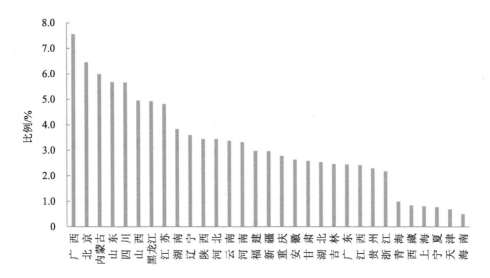

图 5-8　1987—2017 年各省（区、市）森林生态系统保护修复累计支出占比

5.2　草地

5.2.1　数据说明

　　草地生态系统保护修复支出主要包括草原生态保护奖励补助资金、退牧还草工程、已垦草原退耕还草、草原植被恢复费、草原草场保护、草原资源监测六项（表 2-6），仅有全国数据。其中，草原生态保护奖励补助资金主要来自财政部公开数据，数据年份为 2011—2017 年。退牧还草工程分别来自文献、财政部，其中 2003—2007 年数据主要来自文献资料[45]，仅有累计数据，这里取年平均值近似计算；2008—2017 年数据主要来自财政部历年全国公共财政支出决算表。已垦草原退耕还草、草原植被恢复费、草原草场保护、草原资源监测均来自财政部历年全国公共财政支出决算表，数据年份分别为 2011—2017 年、2010—2015 年、2010 年、2010 年。

5.2.2　总量变化

　　2003—2017 年，草地生态系统保护修复支出明显增加，由 2003 年的 28.6 亿元增加到 2017 年的 212.5 亿元，近 15 年共增加了 7.4 倍，累计支出为 1 575.7 亿元。其中，2003—2007 年国家实施了退牧还草工程，实际累计投资为 143 亿元，年均投资为 28.6 亿元，但由于该时期为估算数，因此不进行变化趋势分析。2008—2011 年支出总量持续较快增加，2009 年增加到 36.6 亿元，比上一年增加了 86.2%；自 2011 年起新增草原生态保护奖励补助资金后，支出总量迅速增加到 162.0 亿元，首次突破 100 亿元，比上一年增加了 212.3%；2012 年后支出总量增速放缓，2017 年增加到 212.5 亿元（图 5-9）。

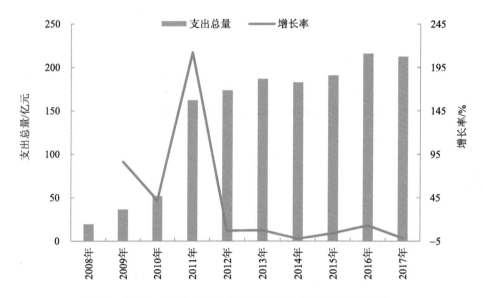

图 5-9　2008—2017 年草地生态系统保护修复支出及其变化

从不同规划时期来看，2003—2005 年、2006—2010 年 2 个时期草地生态系统保护修复支出相对较低，累计支出分别为 85.8 亿元、165.3 亿元，年均支出相差不大，分别为 28.6 亿元、33.0 亿元；2011—2015 年，受国家草原生态保护奖励补助资金政策影响，累计支出迅速增加到 896.3 亿元，年均支出增加到 179.3 亿元，均是上一时期的 5.4 倍；2016—2017 年累计支出为 428.3 亿元，年均支出增加到 214.2 亿元（图 5-10）。

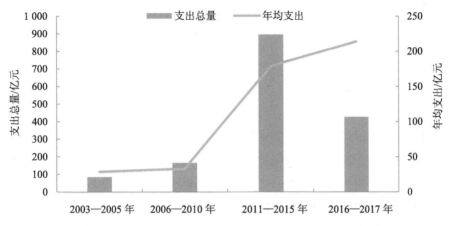

图 5-10　不同规划时期草地生态系统保护修复支出总量和年均支出

5.2.3　类型结构

从草地生态系统保护修复支出内部细分项目来看，2003—2009 年全部为退牧还草工程支出，2010 年仍以退牧还草工程支出为主，但占比下降到 65.6%；2011 年起主要以草原生态保护奖励补助资金为主，占比在 83.6%~88.3%（图 5-11）。

图 5-11　2003—2017 年草地生态系统保护修复支出类型结构

5.3 湿地

5.3.1 数据说明

湿地生态系统保护修复支出数据包括全国湿地保护工程、湿地保护与恢复示范工程、退田还湖工程、湿地恢复与保护（林业）等内容。其中，前三项内容主要来自文献资料[45]，数据年份分别为 2005—2007 年、1998—2002 年、2001—2005 年，仅有全国累计数据，这里取年平均值近似计算。湿地恢复与保护资金主要来自历年《中国林业统计年鉴》的各地区林业投资完成情况表，自 2008 年开始有统计数据，包括全国和各地区数据。

5.3.2 总量变化

根据已有文献资料计算[45]，1998—2007 年湿地生态系统保护修复累计支出约为123.7 亿元。其中，1998—2002 年国家实施了退田还湖工程，实际累计投资 113 亿元，年均投资 22.6 亿元；2001—2005 年实施了湿地保护与恢复示范工程，实际累计投资0.675 亿元，年均投资 0.135 亿元；2005—2007 年实施了全国湿地保护工程，实际累计投资 10 亿元，年均投资 5 亿元。由于该时期的支出数据为估算数，因此不进行年度变化趋势分析。

2008—2017 年，湿地生态系统保护修复支出总量总体上呈波动增加趋势，由 2008年的 3.0 亿元增长到 2017 年的 80.7 亿元，增加了近 26 倍，近 10 年累计支出为 349.8亿元。从年际间变化率来看，2009 年、2011 年支出增长较快，增加率分别达到 420.4%、109.3%（图 5-12）。

从不同规划时期来看，自 2008—2010 年以来，湿地生态系统保护修复累计支出增长明显，由最初 67.8 亿元增长到 2016—2017 年的 138.4 亿元。其中，2008—2010 年累计支出 67.8 亿元，年均支出 22.6 亿元；2001—2005 年累计支出 45.9 亿元，年均支出 9.2 亿元，比上一时期略有下降；2006—2010 年累计支出 40.1 亿元，年均支出 8.0亿元，与上一时期基本持平；2011—2015 年累计支出迅速增加到 181.2 亿元，年均支出 36.2 亿元，比上一时期增加了近 3.5 倍；2016—2017 年累计支出 138.4 亿元，年均支出 69.2 亿元，年均支出是上一时期的近 2 倍（图 5-13）。

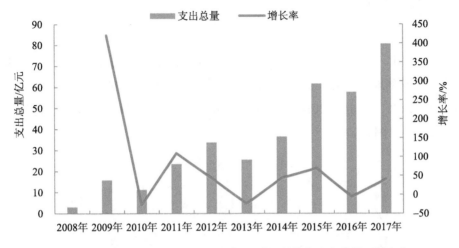

图 5-12 2008—2017 年全国湿地生态系统保护修复支出总量及其变化

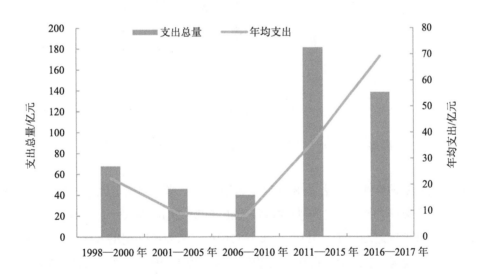

图 5-13 不同规划时期全国湿地生态系统保护修复支出总量及年均支出

5.3.3 地区差异

（1）分地区

2008—2017 年，各地区湿地生态系统保护修复支出占比存在较大差异，并经历了最初主要以东部地区为主，逐渐向以西部地区为主的转变。2008—2015 年东部地区支出占比在 42.5%～84.6%；2016 年开始，西部地区支出占比最高，提高到 44.7%，2017 年达到 52.9%（图 5-14）。

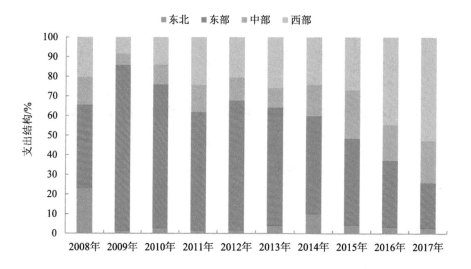

图 5-14　2005—2017 年各地区湿地生态保护修复支出占比

从不同规划时期来看，各地区湿地生态系统保护修复支出占比同样出现了从以东部地区为主向以西部地区为主转变的特征，自 2008—2010 年以来东部地区支出占比逐渐降低，西部地区逐渐增加。其中，2008—2010 年东部地区支出占比高达 75.5%，西部地区、中部地区、东北地区占比相对较低，依次为 12.1%、8.0%、4.4%；2011—2015 年支出仍以东部地区为主，占比降低到 53.8%，西部地区占比增加到 24.8%，中部地区占比增加到 16.8%，东北地区与上一时期基本持平；2016—2017 年支出占比转变为西部最高，为 49.0%，东部地区占比降低到 28.2%，中部地区占比略有增加，东北地区占比降低（图 5-15）。

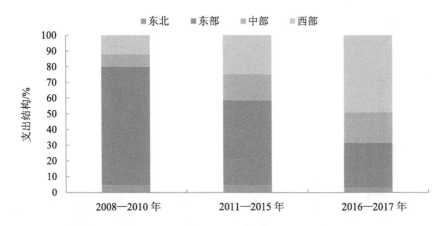

图 5-15　不同历史时期各地区湿地生态系统保护修复支出占比

（2）分省（区、市）

从 2017 年现状支出来看，排名前十的主要为广西、四川、江苏、云南、湖南、湖北、山东、陕西、安徽、河北，其中广西、四川支出占比较高，分别为 17.7%、13.7%，其他省（区、市）支出占比在 2.1%～8.9%（图 5-16）；从各省（区、市）累计支出来看，排名前十的主要为江苏、山东、广西、湖南、四川、内蒙古、云南、湖北、上海、安徽，其中江苏、山东、广西支出占比较高，分别为 21.2%、14.8%、9.1%，其余省份支出占比在 2.4%～7.2%（图 5-17）。无论是现状还是累计支出，排名前十的省（区、市）中，东部、中部、西部分布相对均衡。

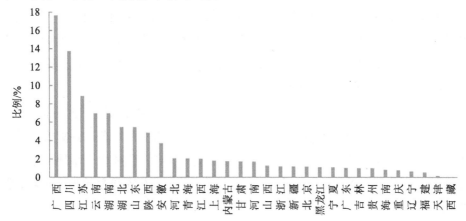

图 5-16　2017 年各省（区、市）湿地生态系统保护修复累计支出占比

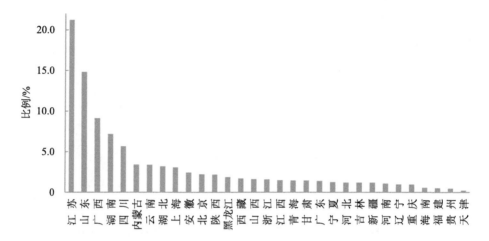

图 5-17　2008—2017 年各省（区、市）湿地生态系统保护修复累计支出占比

5.4　农田

5.4.1　数据说明

全国农田生态系统保护修复支出数据来自财政部年度公共财政支出决算表，主要包括农业资源保护修复与利用、耕地地力保护两项科目，数据年份分别为 2010—2017 年、2010 年（表 2-6）。各地区农田生态系统保护支出数据主要来自财政部中央对地方转移支付管理平台的专项转移支付资金数据，具体为农业资源及生态保护补助资金，目前已公开 2016—2019 年各省份资金分配表，为与全国数据保持一致，这里仅分析 2016—2017 年各地区支出情况。

2017 年 4 月，财政部印发的《关于修订〈农业资源及生态保护补助资金管理办法〉的通知》明确指出，农业资源及生态保护补助资金是中央财政公共预算安排用于农业资源养护、生态保护及利益补偿等的专项转移支付资金，主要用于耕地质量提升、草原禁牧补助与草畜平衡奖励（直接发放给农牧民）、草原生态修复治理、渔业资源保护等支出方向。

5.4.2　总量变化

2010—2017 年，全国农田生态系统保护修复支出总量总体上呈平稳增长趋势，由 2010 年的 32.8 亿元增加到 2017 年的 300.6 亿元，近 8 年共增加了 9 倍多，累计支出达到 1 623.7 亿元。其中，2010 年支出总量最低，2011 年支出成倍增加，支出增加到 163.2 亿元，首次突破 100 亿元，比上一年增加了近 4 倍；自 2012 年起支出增加较为平稳，年际变化率在 0.9%~17.3%，2013 年增加到 208.3 亿元，首次突破 200 亿元；2017 年支出增加到 300.6 亿元，首次突破 300 亿元（图 5-18）。

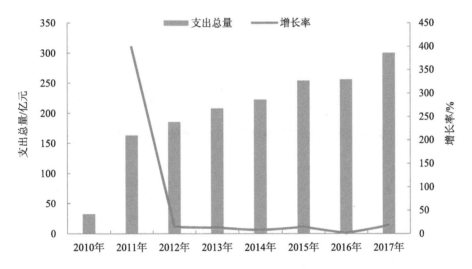

图 5-18　2010—2017 年全国农田生态系统保护修复支出总量及其变化

5.4.3　地区差异

2016—2017 年，农田生态系统保护修复支出主要以西部地区为主，占比分别达 80.0%、82.2%，东北地区、东部地区、中部地区占比相对较低（图 5-19）。从分省（区、市）累计支出占比来看，内蒙古最高，占比达 23.5%，其次为西藏、新疆、青海，占比分别为 14.5%、12.8%、12.0%，上述 4 省（区）支出占比之和达到 62.7%。甘肃、四川、黑龙江、云南、湖南、吉林、河北 7 省份支出占比在 2.2%~6.2%；辽宁、宁夏、山东、陕西 4 省（区）支出占比在 1.0%~1.8%；山西、安徽、江苏、河南、湖北、广东、江西、福建、浙江、广西、贵州、重庆、海南、上海、天津、北京 16 省（市）占比不足 1.0%（图 5-20）。总体上来看，累计支出排名前十的省份绝大部分位于西部地区。

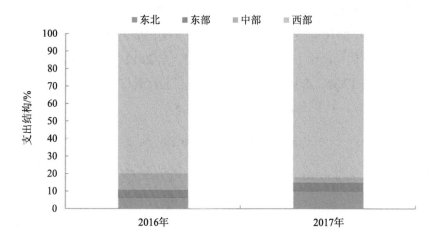

图 5-19　2016—2017 年各地区农田生态系统保护修复支出占比

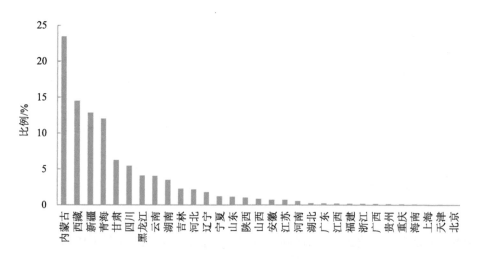

图 5-20　2016—2017 年各省（区、市）农田生态系统保护修复累计支出占比

5.5 城镇

5.5.1 数据说明

全国和各地区城镇生态系统保护修复支出数据主要来自住建部《城市建设统计年鉴》中的城市、县城市政公用设施建设固定资产投资表，以及《城乡建设统计年鉴》的建制镇、乡、镇乡特殊区域、村的建设投入表，主要统计科目是园林绿化，全国数据年份为 1979—2017 年，各地区数据年份为 1999—2017 年。

5.5.2 总量变化

1979—2017 年，全国城镇生态系统保护修复支出总量不断增长，由 1979 年仅 0.4 亿元增长到 2017 年的 2 812.2 亿元，增长了 7 000 多倍，近 40 年城镇生态系统保护累计支出高达 25 410.9 亿元（图 5-21a）。

具体来看，1979—1990 年支出总量总体相对较小、增长较为缓慢，支出总量由 0.4 亿元逐渐增加到 1990 年的 2.9 亿元，年均支出约 2.1 亿元，仅在 1984 年、1985 年出现快速增长，年增加率分别 66.7%、65.0%（图 5-21b）。

1991—2000 年支出总量呈明显增长趋势，由 1991 年的 4.9 亿元增长到 2000 年的 143.2 亿元，年均支出约 46.7 亿元，年际增加率均大于 22%。尤其在 1993 年支出增加到 13.2 亿元，首次突破 10 亿元；1999 年增加到 107.1 亿元，首次突破 100 亿元。1991 年、1993 年、1997 年、1998 年支出增长相对较快，年增加率分别为 69.0%、83.3%、64.0%、73.8%（图 5-21c）。

2001—2017 年支出总量持续增长、增速有所放缓，支出总量在 181.4 亿～2 812.2 亿元，年均支出高达 1 465.8 亿元。在 2006 年支出增加到 554.4 亿元，首次突破 500 亿元；在 2009 年支出增加到 1 268.4 亿元，首次突破 1 000 亿元；在 2011 年支出增加到 2 209.5 亿元，首次突破 2 000 亿元，2017 年增加到 2 812.2 亿元。2010 年支出增长相对较快，年增加率为 51.6%（图 5-21d）。

a. 1979—2017 年支出总量

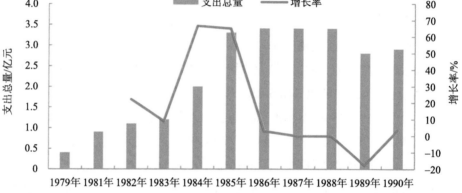

b. 1979—1990 年

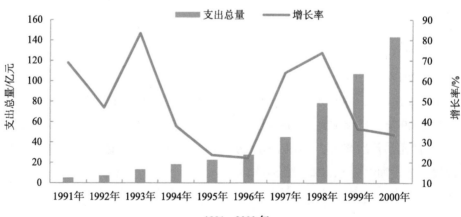

c. 1991—2000 年

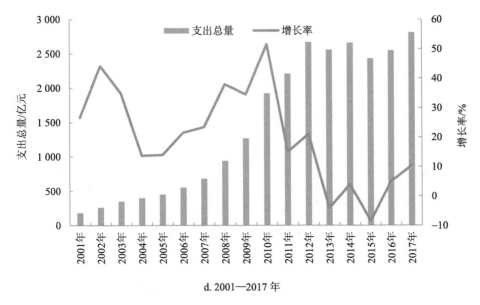

d. 2001—2017 年

图 5-21　1979—2017 年全国城镇生态系统保护修复支出总量及其变化

从不同规划时期来看，1979—2017 年各个时期支出总量成倍增长。其中，1979—1980 年、1981—1985 年、1986—1990 年 3 个时期累计支出相对较低，分别为 0.4 亿元、8.5 亿元、15.9 亿元，年均支出分别为 0.2 亿元、1.7 亿元、3.18 亿元。自 1991—1995 年以来，累计支出成倍快速增长，其中 1991—1995 年累计支出增加到 66 亿元，年均支出为 13.2 亿元，是上一时期的 4 倍多；1996—2000 年累计支出增加到 401.3 亿元，年均支出为 80.3 亿元，是上一时期的 6 倍多；2001—2005 年累计支出增加到 1 652.1 亿元，年均支出为 330.4 亿元，是上一时期的 4 倍多；2006—2010 年累计支出增加到 5 372.6 亿元，年均支出为 1 074.5 亿元，是上一时期的 3 倍多；2011—2015 年累计支出增加到 12 532.6 亿元，年均支出为 2 506.5 亿元，是上一时期的 2 倍多；2016—2017 年累计支出增速放缓，累计支出为 5 361.6 亿元，年均支出为 2 680.8 亿元，年均支出略高于上一时期（图 5-22 和图 5-23）。

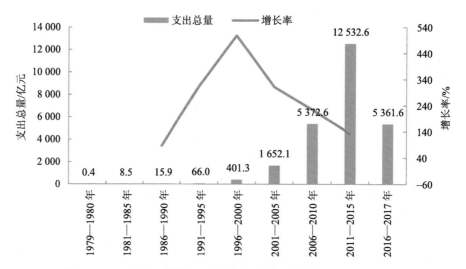

图 5-22　不同规划时期全国城镇生态系统保护修复支出总量及其变化

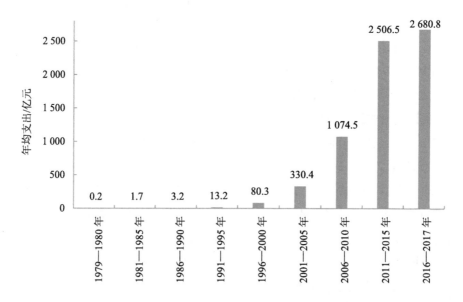

图 5-23　不同规划时期全国城镇生态系统保护修复年均支出

5.5.3　地区差异

（1）分地区

1999—2017 年，城镇生态系统保护修复支出主要以东部地区为主，支出占比超过 40%，并且近年来呈下降趋势；中部和西部地区支出占比相当，且均呈逐年增加的趋势，东北地区长期最低。具体来看，1999—2006 年东部地区支出占比在 61.8%～74.5%，平均为 68.1%；2007 年以后，东部地区支出占比逐年下降，2007 年下降到 57.1%，其余大部分年份低于 50%，平均为 46.7%，2017 年降到最低，为 41.5%（图 5-24）。

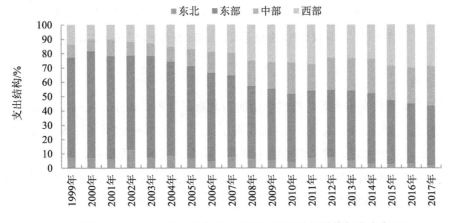

图 5-24　1999—2017 年各地区城镇生态系统保护修复支出占比

从不同规划时期来看，1999—2017 年各个时期支出均以东部地区为主，且支出占比呈逐年下降趋势，与此同时西部地区、中部地区支出占比逐年升高，东北地区支出占比最低且有下降趋势。其中，1999—2000 年和 2001—2005 年 2 个时期，东部地区支出占比相对较高，分别为 72.5%、67.2%，西部地区、中部地区、东北地区支出占比均较低，分别在 11.4%～13.9%、9.0%～10.8%、7.1%～8.1%；2006—2010 年，东部地区支出占比下降到 51.3%，西部地区、中部地区支出占比提高到 24.3%、19.2%，东北地区仍最低，为 5.3%；2011—2015 年和 2016—2017 年 2 个时期，东部地区支出占比下降到 50% 以下，分别为 47.2%、41.7%，西部地区、中部地区支出占比继续提高，分别在 25.0%～29.5%、22.7%～26.5%，东北地区支出占比仍最低且持续下降，分别为 5.0%、2.3%（图 5-25）。

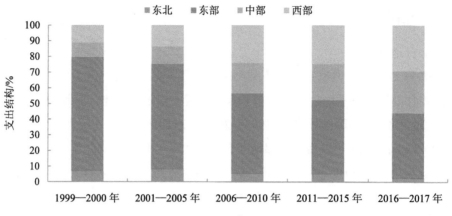

图 5-25 不同规划时期各地区城镇生态系统保护修复支出占比

（2）分省

从 2017 年现状支出来看，排名前十的为北京、江苏、山东、河南、安徽、浙江、内蒙古、江西、湖北、四川，支出占比相差不大，在 4.5%～8.1%（图 5-26）；从各省（区、市）累计支出来看，排名前十的为江苏、山东、安徽、内蒙古、浙江、河北、北京、江西、重庆、河南，其中江苏、山东两省支出占比均超过 10%，其余各省（区、市）支出占比在 3.5%～6.4%（图 5-27）。无论现状还是累计支出，排名前十的省（区、市）绝大部分位于东部、中部地区。

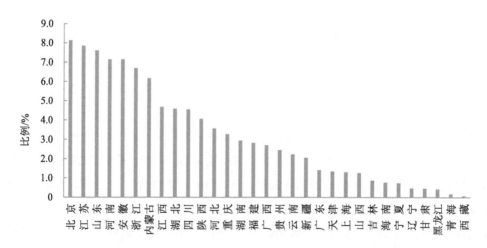

图 5-26 2017 年各省（区、市）城镇生态系统保护修复支出占比

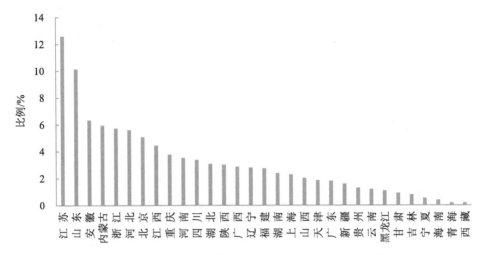

图 5-27　1999—2017 年各省（区、市）城镇生态系统保护修复累计支出占比

5.6　荒漠

5.6.1　数据说明

全国荒漠生态系统保护修复支出数据主要包括京津风沙源治理工程、风沙荒漠治理、防沙治沙等。其中，京津风沙源治理工程资金主要来自文献资料[45]，仅有累计数值，这里采用年均值近似计算，数据年份为 1998—2007 年；风沙荒漠治理、防沙治沙两项主要来自财政部历年公共财政支出决算表，数据年份为 2010—2016 年（表 2-6）。各地区荒漠生态系统保护修复支出数据主要来自《中国林业统计年鉴》，2015 年统计科目为沙化土地治理与封禁、2016—2017 年统计科目为防沙治沙（表 2-7）。

5.6.2　总量变化

1998—2017 年，全国荒漠生态系统保护修复支出呈缓慢增加趋势。其中，1998—2007 年累计支出 193.05 亿元，年均支出 19.3 亿元；2010—2017 年支出总量由 39.1 亿元增加到 75.9 亿元，增加了近 1 倍，累计支出 438.8 亿元，年均支出 54.8 亿元，在 2015年支出增加相对较快，增加率为 36.8%（图 5-28）。

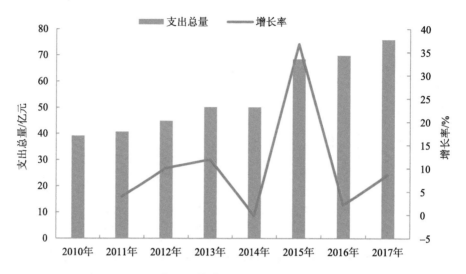

图 5-28　2010—2017 年全国荒漠生态系统保护修复支出总量及其变化

从不同规划时期来看，1998—2000 年、2001—2005 年、2006—2010 年 3 个时期累计支出相对较低，分别为 57.9 亿元、96.5 亿元、77.7 亿元，年均支出分别为 19.3 亿元、19.3 亿元、25.9 亿元。2011—2015 年累计支出迅速增加到 253.9 亿元，年均支出比上一时期增加了近 1 倍，为 50.8 亿元；2016—2017 年累计支出为 145.8 亿元，年均支出增加到 72.9 亿元（图 5-29）。

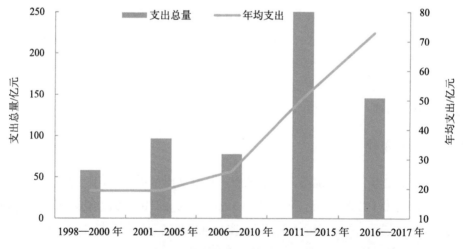

图 5-29　不同规划时期全国荒漠生态系统保护修复累计支出和年均支出

5.6.3　地区差异

2015—2017 年，荒漠生态系统保护修复支出主要以西部地区为主，支出占比分别为 74.9%、73.9%、58.9%，呈逐年下降趋势；其次为中部地区，支出占比分别为 20.8%、11.6%、30.1%；第三位为东部地区，支出占比分别为 3.6%、13.8%、9.7%；东北地区支出占比最低，分比为 0.8%、0.7%、1.3%（图 5-30）。

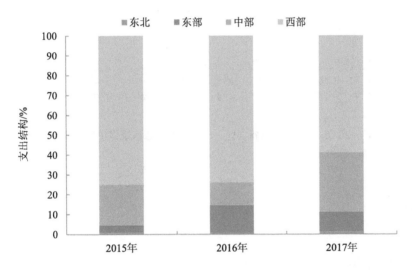

图 5-30　2015—2017 年各地区荒漠生态系统保护修复支出占比

从各省（区、市）累计支出占比来看，四川、西藏、山西、内蒙古 4 省（区）支出占比相对较高，分别为 18.6%、13.7%、13.1%、10.6%，均超过 10%，上述 4 省（区）支出占比之和达到一半以上（56%）；新疆、北京、陕西、湖北、甘肃 5 省（区、市）支出占比在 4.0%～9.3%；湖南、云南、青海、广西、宁夏 5 省（区）支出占比在 1.3%～3.8%；广东、吉林、重庆、山东、浙江、河北、江苏、辽宁、黑龙江、河南、海南、江西、安徽 13 省（市）支出占比不足 1.0%，天津、上海、福建、贵州无荒漠支出（图 5-31）。总体来看，支出占比排名前十的省（区、市）绝大部分位于中部、西部地区。

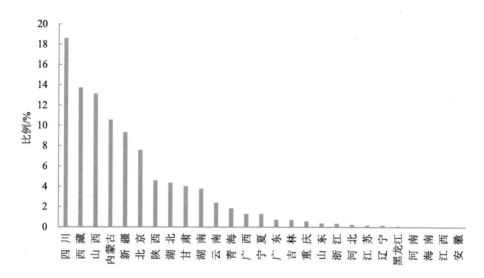

图 5-31　2015—2017 年各省（区、市）荒漠生态系统保护修复支出占比

5.7　海洋

5.7.1　数据说明

　　全国海洋生态系统保护修复支出数据主要来自财政部年度公共财政支出决算表，具体科目为海岛和海域保护，数据年份为 2016—2017 年（表 2-6）。各地区海洋生态系统保护修复支出数据主要来自财政部中央对地方转移支付管理平台的专项转移支付资金数据，具体科目为海岛和海域保护资金，数据年份为 2016—2017 年（表 2-7）。

5.7.2　总量变化

　　2016—2017 年，全国海洋生态系统保护修复支出分别为 34.0 亿元、74.2 亿元，累计支出 108.2 亿元，2017 年相比 2016 年增加了 1 倍多（图 5-32）。

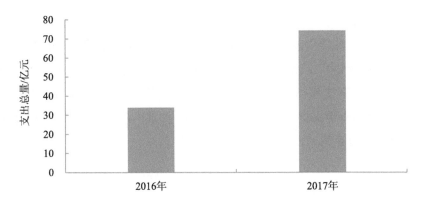

图 5-32　2016—2017 年全国海洋生态系统保护修复支出总量

5.7.3　地区差异

（1）分地区

2016—2017 年，我国海洋生态系统保护修复支出主要以东部沿海地区为主。其中，东部地区支出占比最高，2016—2017 年分别为 87.3%、80.7%，东北地区支出占比较低，分别为 12.7%、19.3%（图 5-33）。

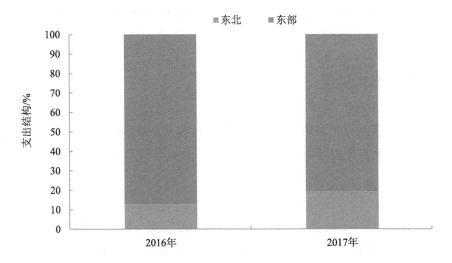

图 5-33　2016—2017 年各地区海洋生态系统保护修复支出占比

（2）分省

2016—2017 年，海洋生态系统保护修复累计支出覆盖了东部沿海的山东、福建、浙江、辽宁、海南、河北、广东 7 省份，支出占比存在一定差异。其中，山东省支出占比最高，为 20.7%，其次为福建、浙江、辽宁、海南，支出占比分别为 19.5%、18.2%、16.9%、11.3%，上述省份支出占比之和超过 75%；河北、广东支出占比相对较低，分别为 8.8%、4.6%（图 5-34）。

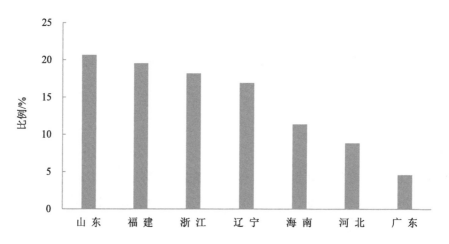

图 5-34 2016—2017 年各省份海洋生态系统保护修复累计支出占比

5.8 重点生态功能区

全国和各地区重点生态功能区保护修复支出数据主要来自财政部中央对地方转移支付管理平台的重点生态功能区转移支付资金，数据年份为 2008—2017 年。

5.8.1 总量变化

2008—2017 年，全国重点生态功能区保护修复支出呈线性增加趋势，由 2008 年的 60.5 亿元增加到 2017 年的 627.0 亿元，共增加了 9 倍多，累计支出 3 709.7 亿元。其中，2009 年、2010 年支出增加相对较快，相比上一年的增加率分别高达 98.3%、107.7%（图 5-35）。

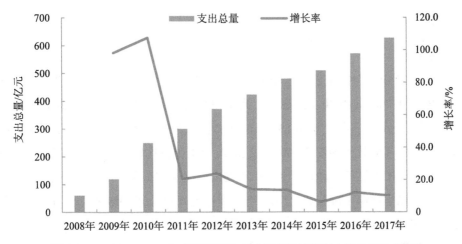

图 5-35　2008—2017 年全国重点生态功能区保护修复支出总量及其变化

从不同规划时期来看，2008—2017 年各个时期累计支出不断增长，其中 2008—2010 年累计支出 429.7 亿元，年均支出 143.2 亿元；2011—2015 年累计支出增加到 2 083.0 亿元，年均支出 416.6 亿元，年均支出是上一时期的近 3 倍；2016—2017 年累计支出为 1 197.0 亿元，年均支出为 598.5 亿元（图 5-36）。

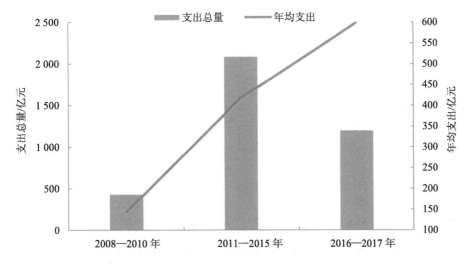

图 5-36　不同规划时期全国重点生态功能区保护修复支出总量及年均支出

5.8.2 地区差异

（1）分地区

2008—2017 年，全国重点生态功能区保护修复支出主要以西部地区为主，支出占比在 56.6%～73.3%，其中 2008 年最高，为 73.3%，随后支出占比逐年下降，2016 年、2017 年达到较低水平，分别为 56.2%、56.6%；其次为中部地区，支出占比在 10.4%～22.5%，其中 2014 年达到最高 22.5%，仅 2008 年支出占比较低，位列第三位；东北地区、东部地区支出占比相对较低，近 10 年支出占比平均都在 9% 左右，但不同的是东北地区支出占比呈逐年下降趋势，2017 年达到最低 6.8%，东部地区支出占比呈逐年升高趋势，由 2008 年的 0.4% 升高到 2017 年的 15.0%（图 5-37）。

从不同规划时期来看，2008—2010 年、2011—2015 年、2016—2017 年 3 个时期累计支出均以西部地区为主，支出占比分别为 65.2%、59.9%、56.4%，总体且呈下降趋势；其次为中部地区，支出占比分别为 19.1%、21.7%、21.5%，略有增加；东北地区和东部地区支出占比相对较低，变化趋势恰好相反，其中东北地区支出占比呈下降趋势，由最初的 10.8% 下降到 7.1%，由第三位变为全国最低；东部地区支出占比呈上升趋势，由最初的 4.9% 提升到 14.9%，由全国最低变为第三位（图 5-38）。

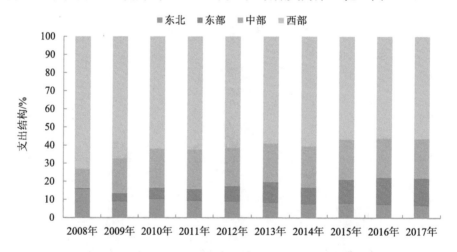

图 5-37 2008—2017 年各地区重点生态功能区保护修复支出占比

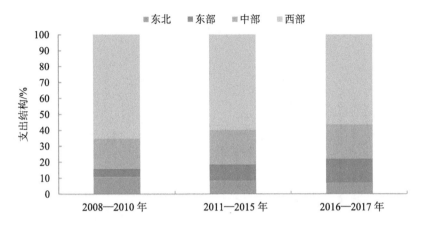

图 5-38　不同规划时期各地区重点生态功能区保护修复支出占比

（2）分省

从 2017 年现状支出来看，排名前十的为甘肃、贵州、湖南、新疆、内蒙古、云南、湖北、河北、四川、青海，支出占比在 4.6%～8.2%（图 5-39）；从各省（区、市）累计支出来看，排名前十的为甘肃、贵州、新疆、内蒙古、湖南、陕西、黑龙江、湖北、四川、云南，支出占比在 4.5%～8.1%（图 5-40）。无论是现状还是累计支出，排名前十的绝大部分位于中部、西部地区。

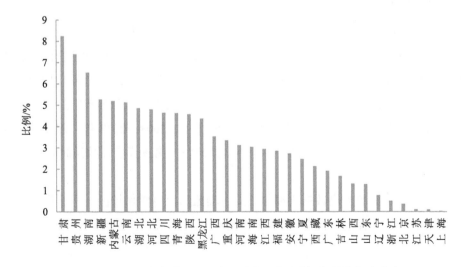

图 5-39　2017 年各省（区、市）重点生态功能区保护修复支出占比

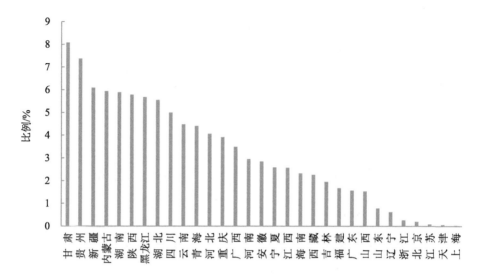

图 5-40　2008—2017 年各省（区、市）重点生态功能区保护修复累计支出占比

5.9　自然保护地

5.9.1　数据说明

全国自然保护地支出数据主要包括野生动植物及自然保护区、地质遗迹保护、地质公园建设、国家重点风景区规划与保护四项内容，其中野生动植物及自然保护区支出数据来自历年《中国林业统计年鉴》及林业统计资料汇编，数据时间为 1953—2017年；地质遗迹保护、地质公园建设资金主要来自《中国国土资源统计年鉴》《中国国土资源综合统计年报》，数据时间分别为 1999—2017 年、2003—2017 年；国家重点风景区规划与保护支出数据来自财政部历年全国公共财政支出决算表，数据时间为 2010—2016 年（表 2-6）。

各地区自然保护地支出数据主要包括野生动植物及自然保护区、地质遗迹保护、地质公园建设三项内容，数据来源与全国数据相同，如表 2-7 所示。

5.9.2　总量变化

1953—2017 年，全国自然保护地支出总量不断增长，由中华人民共和国成立初期仅 4.7 万元增长到 2017 年的 115.7 亿元，增长了近 25 万倍，近 70 年自然保护地累计支出高达 833.4 亿元（图 5-41a）。

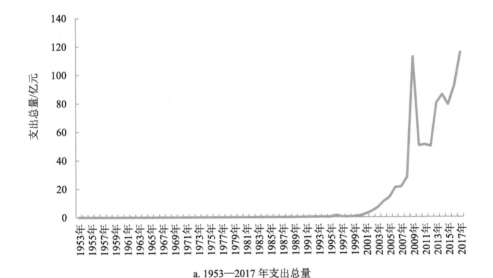

a. 1953—2017 年支出总量

b. 1953—1980 年

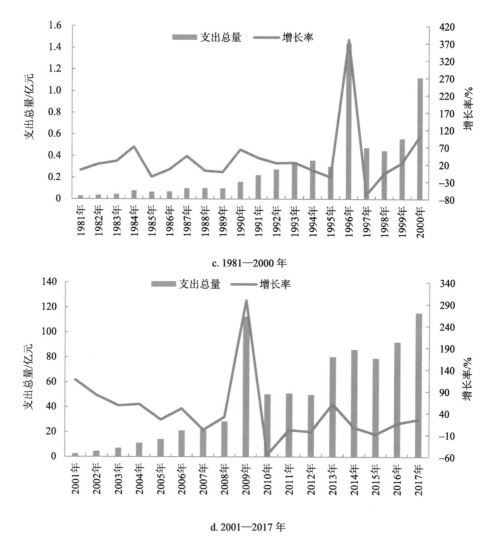

c. 1981—2000 年

d. 2001—2017 年

图 5-41　1953—2017 年自然保护地支出总量及其变化

具体来看，中华人民共和国成立初期至改革开放初期（1953—1980 年）自然保护地支出总量总体相对较小、增长较为缓慢且存在一定波动，支出总量在 4.7 万～274.7 万元，年均支出 157.3 万元，在 1956 年、1959 年出现快速成倍增长，支出总量分别是上一年的 10 倍、2.5 倍左右，年增加率分别为 935.2%、145.3%（图 5-41b）。

1981—2000 年，自然保护地支出总量呈稳定增长趋势，支出总量在 0.03 亿～1.1

亿元，年均支出 0.3 亿元。1996 年支出增加最快，支出总量为 1.4 亿元，首次突破 1
亿元，年增加率为 380.9%，此外 1984 年、1990 年、2000 年支出增长也较快，年增加
率分别为 70.6%、62.6%、101.1%（图 5-41c）。

2001—2017 年，支出总量持续较快增长，支出总量在 2.4 亿～115.7 亿元，年均支
出 48.6 亿元，在 2004 年支出增加到 11.2 亿元，首次突破 10 亿元；2009 年支出增加到
112.6 亿元，首次突破 100 亿元，随后几年呈下降趋势，2017 年再次增加到 100 亿元以
上，为 115.7 亿元。2001 年、2009 年支出增长较快，年增加率分别为 116.7%、298.7%
（图 5-41d）。

从不同规划时期来看，中华人民共和国成立初期至改革开放初期（1953—1980 年）、
1981—1985 年、1986—1990 年、1991—1995 年、1996—2000 年 5 个时期自然保护地
累计支出相对较低，分别为 0.4 亿元、0.2 亿元、0.5 亿元、1.5 亿元、4.0 亿元，年均支
出分别为 0.02 亿元、0.05 亿元、0.1 亿元、0.3 亿元、0.8 亿元，均不足 1.0 亿元；
2001—2005 年和 2006—2010 年 2 个时期累计支出迅速成倍增长，累计支出分别为 38.9
亿元、233.6 亿元，年均支出分别为 7.8 亿元、46.7 亿元，分别是上一时期的 9.6 倍、
6 倍；2011—2015 年和 2016—2017 年 2 个时期累计支出继续稳定增加，累计支出分别
为 346.3 亿元、207.8 亿元，年均支出分别为 69.3 亿元、103.9 亿元，年均支出均是上
一时期的 1.5 倍左右（图 5-42 和图 5-43）。

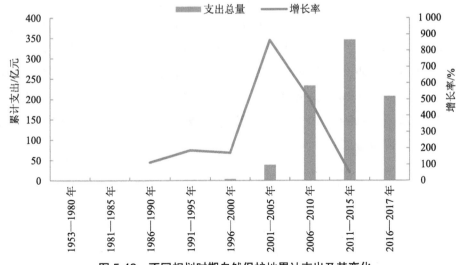

图 5-42　不同规划时期自然保护地累计支出及其变化

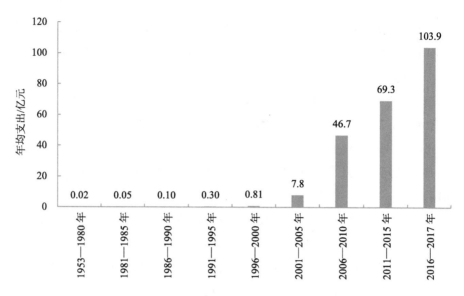

图 5-43　不同规划时期自然保护地年均支出

5.9.3　类型结构

1953—2017 年，自然保护地支出类型结构变化较大。其中，1953—1998 年全部为野生动植物及自然保护区支出；1999 年开始新增地质遗迹保护支出，但 1999—2002 年仍以野生动植物及自然保护区支出为主，占比在 53.2%～90.2%，总体呈下降趋势；2003 年开始新增地质公园建设支出，2004—2010 年主要以地质公园建设支出为主，占比呈逐年上升趋势，到 2009 年达到最高为 90.9%，2010 年后支出占比开始下降；2011 年新增国家重点风景名胜区规划与保护支出，但支出占比相对较低，2011—2017 年基本维持在 10.5%～20.5%波动，该时期仍以地质公园建设支出为主，大部分年份占比在 50%以上。1999—2017 年地质遗迹保护支出占比相对最低，2001 年达到最高 46.8%，2017 年降至最低 0.5%（图 5-44）。

图 5-44　1999—2017 年全国自然保护地支出类型结构变化

5.9.4　地区差异

（1）分地区

从分地区自然保护地支出占比来看，1995 年、2003 年、2005 年、2007 年自然保护地支出以东部地区为主，支出占比分别为 41.7%、56.9%、37.9%、30.5%；2008 年、2017 年自然保护地支出以中部地区为主，支出占比分别为 34.0%、40.4%，其余大部分年份自然保护地支出均以西部地区为主，支出占比在 35.5%～64.1%。东北地区支出占比相对最低，近 20 年支出占比在 2.0%～19.1%波动（图 5-45）。

从不同规划时期来看，除 2001—2005 年自然保护地累计支出以东部地区为主外，其余各时期累计支出均以西部地区为主，支出占比在 40.3%～56.9%，并呈逐渐降低趋势；其次为东部地区，自 1986—1990 年期间以来累计支出占比呈波动增加趋势，占比在 22.3%～39.5%，在 2001—2005 年期间达到最高，为 39.5%，在 2006—2010 年、2016—2017 年略有降低，位居第三；第三位为中部地区，自 1986—1990 年以来累计支出占比呈增加趋势，占比在 12.7%～29.6%，在 2006—2010 年、2016—2017 年期间占比分别增加到 26.0%、29.6%，位居第二；东北地区支出占比一直最低，在 3.0%～11.0%

波动，2006—2010 年达到最高，为 11.0%，2016—2017 年最低，为 3.0%（图 5-46）。

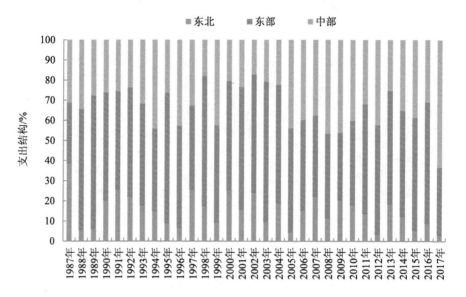

图 5-45　1987—2017 年各地区自然保护地支出占比变化

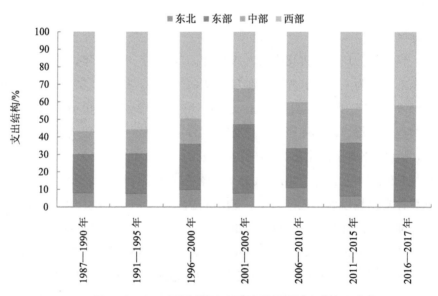

图 5-46　不同规划时期各地区自然保护地支出占比变化

（2）分省

从 2017 年现状支出来看，排名前十的为河南、江西、陕西、广西、河北、四川、福建、新疆、云南、浙江，其中河南、江西自然保护地支出占比均较高，分别为 20.8%、11.7%（图 5-47）；从各省（区、市）累计支出来看，排名前十的为四川、河南、江西、陕西、福建、甘肃、广东、黑龙江、山东、云南，支出占比在 4.3%～10.3%（图 5-48）。无论现状还是累计支出，排名前十的大部分位于西部地区，其次是东部、中部地区。

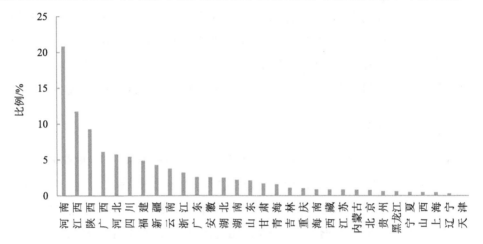

图 5-47　2017 年各省（区、市）自然保护地支出占比

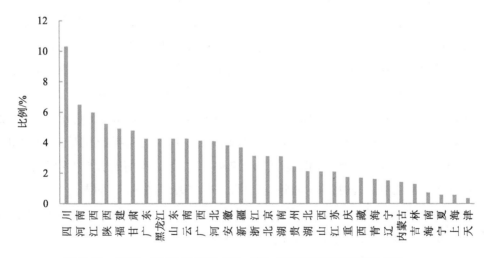

图 5-48　1987—2017 年各省（区、市）自然保护地累计支出占比

5.10 水土保持及生态

5.10.1 数据说明

全国水土保持支出数据主要包括水保及生态、生产建设项目水土保持方案、水资源保护与管理、江河湖库水系综合整治四项内容，其中前两项来自历年《中国水利统计年鉴》，数据时间分别为 1999—2017 年、2003—2017 年；后两项来自财政部历年全国公共财政支出决算表（表 2-6）。各地区水土保持支出数据主要包括水源保护及生态、生产建设项目水土保持方案两项内容，数据时间为 2008—2017 年（表 2-7）。

5.10.2 总量变化

1999—2017 年，全国水土保持支出呈稳定快速增长趋势，从 1999 年的 12.0 亿元增加到 2017 年的 2 616.4 亿元，增加了近 217 倍，累计支出 16 901.0 亿元。具体来看，1999—2002 年支出相对较低，在 12.0 亿~32.0 亿元，2002 年支出增加较快，年增加率为 81.2%；自 2003 年新增生产建设项目水土保持方案投资后，支出总量迅速增加到 134.1 亿元，相比上一年增加率为 319.1%；随后 2003—2011 年支出一直维持平稳较快增长，2004 年支出增加到 203.8 亿元，首次突破 200 亿元，2010 年支出增加到 1 126.5 亿元，首次突破 1 000 亿元，在 2004 年、2009 年、2010 年受生产建设项目水土保持方案增加的影响，支出增加相对较快，增加率分别为 52.0%、52.4%、73.0%；2012 年后支出增速放缓，在 2016 年增加到 2 080.5 亿元，首次突破 2 000 亿元（图 5-49）。

从不同规划时期来看，自 1999—2000 年以来，全国水土保持累计支出成倍增加。其中，1999—2000 年累计支出最低，仅为 30.3 亿元，年均支出 15.1 亿元；2001—2005 年，累计支出迅速增加到 634.4 亿元，年均支出 126.9 亿元，年均支出是上一时期的 8.4 倍；2006—2010 年，累计支出迅速增加到 2 947.9 亿元，年均支出 589.6 亿元，是上一时期的 4.6 倍；2011—2015 年，累计支出增加到 8 591.5 亿元，年均支出 1 718.3 亿元，是上一时期的近 3 倍；2016—2017 年，累计支出为 4 696.9 亿元，年均支出 2 348.4 亿元，年均支出是上一时期的 1.4 倍（图 5-50）。

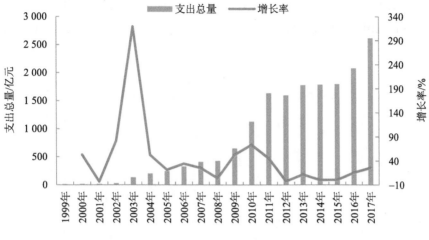

图 5-49　1999—2017 年全国水土保持支出总量及其变化

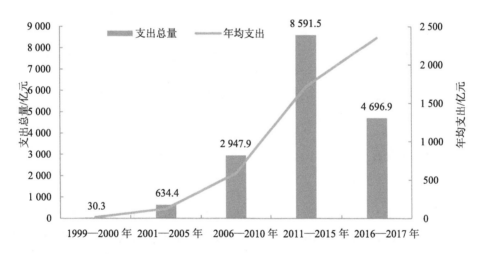

图 5-50　不同规划时期全国水土保持累计支出和年均支出

5.10.3　类型结构

1999—2017 年，水土保持支出总体上以生产建设项目水土保持方案投资为主。其中，1999—2002 年全部为水土保持及生态支出，自 2003 年起以新增的生产建设项目水土保持方案投资为主，且支出占比总体呈逐年增加趋势，由 2003 年的 61.3% 增加到 2011

年、2013 年的 91.5%，之后逐渐降低至 2017 年的 64.8%。自 2010 年起新增水资源保护与管理支出、2015 年起新增江河湖库水系综合整治资金，但历年支出占比均不足 5%（图 5-51）。

图 5-51　1999—2017 年全国水土保持各类型支出占比变化

5.10.4　地区差异

（1）分地区

2008—2017 年，水土保持支出经历了从以西部地区为主向以东部地区和西部地区并重的转变。其中，2008—2010 年和 2012—2014 年水土保持支出均以西部地区为主，支出占比在 38.6%～50.6%，并呈逐年下降趋势；2015—2017 年，水土保持支出转变为东部和西部地区并重的局面，东部地区支出占比最高，分别为 39.2%、36.7%、39.8%，西部地区支出占比则略低于东部地区。仅 2011 年水土保持支出以中部地区为主，支出占比提高到 44.9%。东北地区支出占比一直最低，在 3.5%～5.1%波动（图 5-52）。

从不同规划时期来看，2006—2010 年和 2011—2015 年 2 个时期水土保持支出主要以西部地区为主，支出占比分别为 49.0%、37.8%；其次为东部地区，支出占比分别为 28.2%、31.9%；第三为中部地区，支出占比分别为 18.0%、25.9%；东北地区最低，分别为 4.8%、4.4%。2016—2017 年，东部地区和西部地区支出占比相当，分别为 38.4%、36.4%，中部地区支出占比为 21.0%，东北地区最低，为 4.2%（图 5-53）。

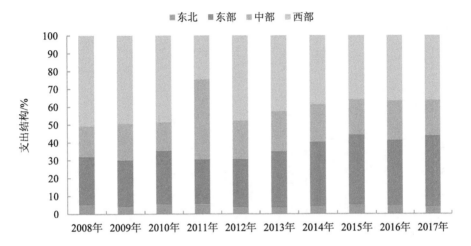

图 5-52　2008—2017 年各地区水土保持支出占比

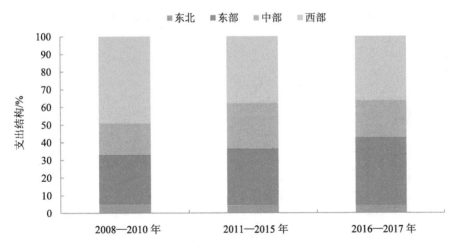

图 5-53　不同规划时期水土保持支出占比

（2）分省

从 2017 年现状支出来看，排名前十的为广东、福建、湖南、云南、贵州、浙江、江苏、内蒙古、河南、山东，水土保持支出占比在 3.9%～8.0%，且一半位于东部地区

（图 5-54）；从各省（区、市）累计支出来看，排名前十的为湖南、云南、广东、贵州、浙江、内蒙古、福建、湖北、四川、重庆，支出占比在 3.9%～8.6%，且一半位于西部地区（图 5-55）。

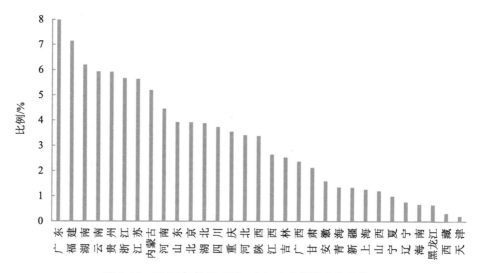

图 5-54　2017 年各省（区、市）水土保持支出占比

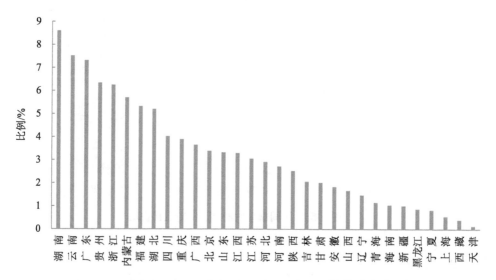

图 5-55　2008—2017 年各省（区、市）水土保持累计支出占比

5.11　矿山环境恢复治理

全国和各地区矿山环境恢复治理资金主要来自《中国国土资源统计年鉴》中矿山环境保护情况表，数据时间为 2003—2017 年（表 2-6、表 2-7）。

5.11.1　总量变化

2003—2017 年矿山环境恢复治理支出呈逐年增加趋势，由 2003 年的 8.6 亿元增加到 2017 年的 139.9 亿元，共增加了 15 倍多，累计支出达 1 241.2 亿元。具体来看，2004年、2009 年支出增长较快，对比上一年支出的增加率分别为 136.9%、166.5%，且 2009年支出增加到 117.5 亿元，首次突破 100 亿元；2010 年后支出增加缓慢、呈现一定波动性，2017 年增加到 139.9 亿元，年增加率达 81.5%（图 5-56）。

从不同规划时期来看，自 2003 年以来矿山环境恢复治理累计支出快速增加，其中2003—2005 年累计支出最低，为 53.5 亿元，年均支出为 17.8 亿元；2006—2010 年累计支出为 350.6 亿元，年均支出为 70.1 亿元，年均支出是上一时期的近 4 倍；2011—2015 年，累计支出增加到 620.1 亿元，年均支出为 124.0 亿元，是上一时期的 1.8 倍；2016—2017 年累计支出为 217.0 亿元，年均支出略有下降，为 108.5 亿元（图 5-57）。

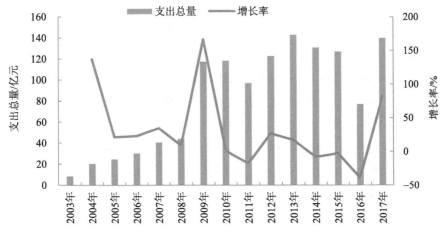

图 5-56　2003—2017 年全国矿山环境恢复治理支出总量及其变化

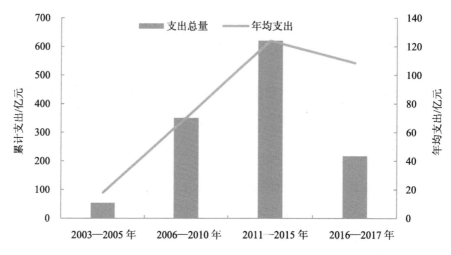

图 5-57　不同规划时期全国矿山环境恢复治理累计支出和年均支出

5.11.2　地区差异

（1）分地区

2003—2017 年，矿山环境恢复治理支出呈现以东部地区为主逐渐向东部、中部、西部地区支出占比均衡发展的趋势。具体来看，2003—2009 年矿山环境恢复治理支出主要以东部地区为主，支出占比在 47.4%～70.4%，且呈现逐年下降趋势；2009 年以后，东部、中部、西部地区支出占比差距逐渐缩小，东部地区在 2009 年、2012 年、2013年支出占比相对最高，分别为 35.3%、35.1%、31.3%，中部地区在 2011 年支出占比相对最高，为 35.3%；西部地区自 2014 年起支出占比相对最高，在 37.3%～43.5%，并在 2017 年达到最高。东北地区支出占比一直最低，在 1.9%～15.8%，并在 2009 年、2010年、2011 年、2013 年占比超过 10%（图 5-58）。

从不同规划时期来看，2003—2017 年各个时期矿山环境恢复治理支出呈现以东部地区为主向东部、中部、西部地区占比均衡的转变趋势。其中，2001—2005 年东部地区支出占比最高，达 63.4%，其次为中部、西部、东北地区，支出占比分别为 20.8%、10.6%、5.1%。2006—2010 年、2011—2015 年、2016—2017 年 3 个时期东部地区、中部地区、西部地区支出占比差距缩小，2006—2010 年仍为东部地区最高，为 35.7%，2011—2015 年、2016—2017 年则西部地区最高，分别为 32.4%、41.5%。不同时期东北地区支出占比均最低，在 2.1%～11.4%，并呈现先增加后减少的趋势（图 5-59）。

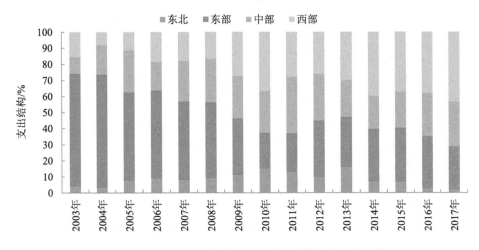

图 5-58　2003—2017 年各地区矿山环境恢复治理支出占比

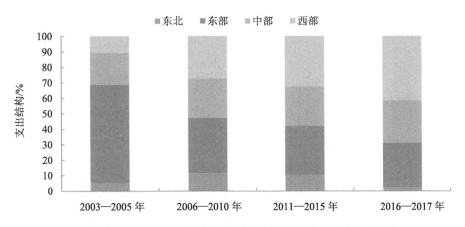

图 5-59　不同规划时期各地区矿山环境恢复治理累计支出占比

（2）分省

从 2017 年现状支出来看，排名前十的为宁夏、山西、内蒙古、陕西、河北、浙江、山东、河南、湖北、贵州（图 5-60）；从各省（区、市）累计支出来看，排名前十的为内蒙古、山东、河北、湖南、江苏、辽宁、山西、湖北、贵州、云南（图 5-61）。无论现状还是累计支出，排名前十的省份在东部、中部、西部地区分布较为均衡。

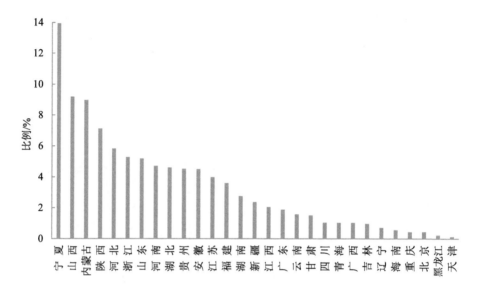

图 5-60　2017 年各省（区、市）矿山环境恢复治理支出占比

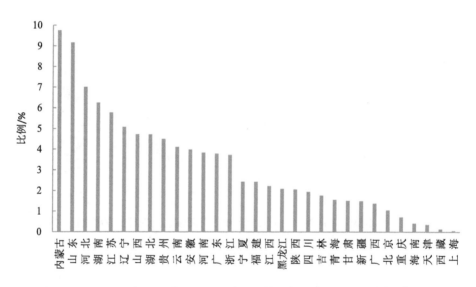

图 5-61　2003—2017 年各省（区、市）矿山环境恢复治理累计支出占比

5.12　重点生态保护修复专项

5.12.1　数据说明

2016 年年底，财政部、国土资源部、环境保护部联合印发《关于推进山水林田湖生态保护修复工作的通知》（财建〔2016〕725 号），先后分 3 批选取了全国 25 个生态功能重要、治理修复需求迫切的地区开展山水林田湖生态保护修复工程试点工作。重点生态保护修复专项资金主要来自财政部中央对地方转移支付管理平台的公开数据，目前已有 2016—2019 年数据，其中 2019 年为部分拨付资金数。

5.12.2　总量变化

2016—2019 年，中央财政共拨付重点生态保护修复专项资金分别为 80 亿元、80 亿元、170 亿元、30 亿元，累计支出 360 亿元（图 5-62）。

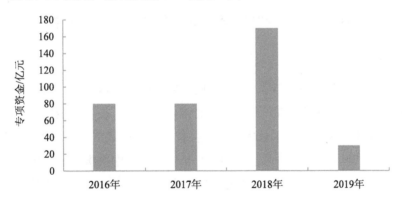

图 5-62　2016—2019 年重点生态保护修复专项资金变化

5.12.3　地区差异

（1）分地区

2016—2019 年，各地区重点生态保护修复专项资金存在较大差异，并均以西部地区为主。2016 年，西部地区支出占比高达 50%，中部地区、东部地区各占 25%；2017

年,西部地区支出占比提高到62.5%,东部地区、东北地区支出占比分别为25%、12.5%;
2018 年,西部地区支出占比有所下降,为 44.1%,东部地区、中部地区支出占比各位
23.5%,东北地区最低,为 8.8%;2019 年,西部地区支出占比回升到 50%,东部地区、
东北地区支出占比分别为 33.3%、16.7%（图 5-63）。

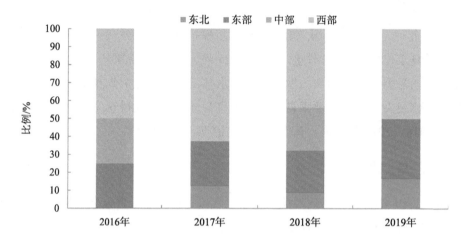

图 5-63   2016—2019 年各地区重点生态保护修复专项资金占比

（2）分省

从分省情况来看,2016 年共有四个地区列入国家山水林田湖生态保护修复工程试
点,所属省份分别为河北、江西、陕西、甘肃,每个地区拨付资金均为 20 亿元;2017
年共有七个地区列入国家山水林田湖生态保护修复工程试点,所属省份分别为青海、
云南、福建、广西、山东、吉林、四川,每个地区获得中央拨付财政资金 20 亿元,但
除了青海省为 2017 年单次拨付,其余省份均分 3 年拨付,2017 年拨付 10 亿元、2018
年和 2019 年分别拨付 5 亿元;2018 年,共有 14 个地区列入国家山水林田湖生态保护
修复工程试点,所属省（区、市）分别为内蒙古、河北、新疆、山西、黑龙江、重庆、
广东、湖北、湖南、浙江、宁夏、贵州、西藏、河南,每个地区获得中央拨付财政
资金 10 亿元（表 5-3）。

从 2016—2019 年累计支出来看,排名前十的为河北、吉林、福建、江西、山东、
广西、四川、云南、陕西、甘肃（图 5-64）。

表 5-3　2016—2019 年试点地区拨付资金情况　　　单位：亿元

批次	省份	工程名称	年份			
			2016	2017	2018	2019
第一批	河北	京津冀水源涵养区山水林田湖生态保护修复工程	20			
	江西	赣州南方丘陵山水林田湖生态保护修复工程	20			
	陕西	黄土高原山水林田湖生态保护修复工程	20			
	甘肃	祁连山山水林田湖生态保护修复工程	20			
第二批	青海	祁连山山水林田湖生态保护修复工程		20		
	云南	抚仙湖生态保护修复工程		10	5	5
	福建	闽江流域生态保护修复工程		10	5	5
	广西	左右江流域革命老区（百色、崇左、南宁）生态保护修复工程		10	5	5
	山东	泰山区域生态保护修复工程		10	5	5
	吉林	长白山区生态保护修复工程		10	5	5
	四川	广安华蓥山区生态保护修复工程		10	5	5
第三批	内蒙古	乌梁素海流域生态保护修复工程			10	
	河北	雄安新区生态保护修复工程			10	
	新疆	额尔齐斯河流域生态保护修复工程			10	
	山西	汾河中上游生态保护修复工程			10	
	黑龙江	小兴安岭—三江平原生态保护修复工程			10	
	重庆	长江上游生态屏障（重庆段）生态保护修复工程			10	
	广东	粤北南岭山区生态保护修复工程			10	
	湖北	长江三峡地区生态保护修复工程			10	
	湖南	湘江流域和洞庭湖生态保护修复工程			10	
	浙江	钱塘江源头区域生态保护修复工程			10	
	宁夏	贺兰山东麓山水林田湖草生态保护修复工程			10	
	贵州	乌蒙山区山水林田湖草生态保护修复重大工程			10	
	西藏	拉萨河流域山水林田湖草保护修复试点工程			10	
	河南	南太行地区山水林田湖草生态保护修复工程			10	

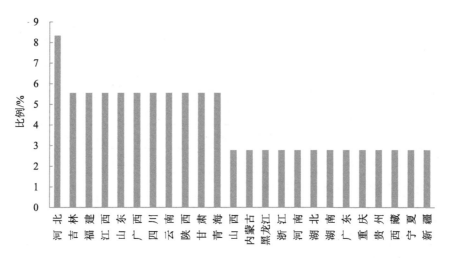

图 5-64　2016—2019 年各省（区、市）重点生态保护修复专项资金累计支出占比

5.13　本章总结

（1）森林。支出总量由 1953 年的 0.03 亿元增长到 2017 年的 2 436.5 亿元，增长了近 74 000 倍，近 70 年累计支出达 17 996.9 亿元。自 1986—1990 年以来支出成倍增长，尤其是 1996—2000 年、2001—2005 年、2011—2015 年 3 个时期增速最快，分别达 311.9%、453.2%、287.1%。分地区来看，支出均以西部地区为主，2016—2017 年支出占比为 40%。

（2）草地。支出总量由 2003 年的 28.6 亿元增加到 2017 年的 212.5 亿元，近 15 年共增加了 7.4 倍，累计支出为 1 575.7 亿元。2011—2015 年，受国家草原生态保护奖励补助资金政策影响，累计支出迅速增加到 896.3 亿元，比上一时期增加了 4.4 倍。

（3）湿地。1998—2007 年累计支出为 123.7 亿元；2008—2017 年，支出总量呈波动增加趋势，由 2008 年的 3.0 亿元增长到 2017 年的 80.7 亿元，增加了近 26 倍，近 10 年累计支出为 349.8 亿元。2011—2015 年累计支出增加较快，比上一时期增加了近 3.5 倍。分地区来看，支出由以东部地区为主逐渐向以西部地区为主转变，2006—2010 年东部地区支出占比高达 75.5%，2016—2017 年西部地区支出占比为 49.0%。

（4）农田。支出总量由 2010 年的 32.8 亿元增加到 2017 年的 300.6 亿元，近 8 年共增加了 9 倍多，累计支出达到 1 623.7 亿元。其中，2011 年支出增加较快，比上一年增加了近 4 倍。分地区来看，2016—2017 年，支出均以西部地区为主，占比分别为 80.0%、82.2%。

（5）城镇。支出总量由 1979 年仅 0.4 亿元增长到 2017 年的 2 812.2 亿元，增长了 7 000 多倍，近 40 年累计支出达 25 410.9 亿元。1991—2015 年不同规划时期累计支出快速成倍增长，增速在 225.2%～508.0%。分地区来看，支出均以东部地区为主，占比超过 40%，近年来呈下降趋势。

（6）荒漠。1998—2007 年估算累计支出为 193.05 亿元；2010—2017 年支出由 39.1 亿元增加到 75.9 亿元，累计支出 438.8 亿元。2011—2015 年累计支出增加较快，比上一时期增加了近 1 倍。分地区来看，2015—2017 年支出主要以西部地区为主，支出占比分别为 74.9%、73.9%、58.9%。

（7）海洋。2016—2017 年支出总量分别为 34.0 亿元、74.2 亿元，累计支出 108.2 亿元，2017 年相比 2016 年增加了 1 倍多，支出覆盖了东部沿海的山东、福建、浙江、辽宁、海南、河北、广东 7 省。分地区来看，支出主要以东部沿海地区为主，2016—2017 年东部地区支出占比分别为 87.3%、80.7%。

（8）重点生态功能区。支出总量由 2008 年的 60.5 亿元增加到 2017 年的 627.0 亿元，共增加了 9 倍多，累计支出 3 709.7 亿元。2009 年、2010 年支出增加相对较快，相比上一年的增加率分别达 98.3%、107.7%。分地区来看，支出主要以西部地区为主，占比在 56.6%～73.3%。

（9）自然保护地。支出总量由 1953 年仅 4.7 万元增长到 2017 年的 115.7 亿元，增长了近 25 万倍，近 70 年累计支出达 833.4 亿元。2001—2005 年和 2006—2010 年 2 个时期累计支出增长最快，分别是上一时期的 9.6 倍和 6 倍。分地区来看，大部分年份自然保护地支出均以西部地区为主，支出占比在 35.5%～64.1%。

（10）水土保持。支出总量由 1999 年的 12.0 亿元增加到 2017 年的 2 616.4 亿元，增加了近 217 倍，累计支出 16 901.0 亿元。2001—2005 年和 2006—2010 年支出增长较快，年均支出分别是上一时期的 8.4 倍和 4.6 倍。分地区来看，支出从以西部地区为主向以东部和西部地区并重转变，2008—2010 年和 2012—2014 年 2 个时期支出以西部地区为主，占比在 38.6%～50.6%；2015—2017 年支出呈东部和西部地区并重。

（11）矿山环境恢复治理。支出总量由 2003 年的 8.6 亿元增加到 2017 年的 139.9

亿元，增加了 15 倍多，累计支出 1 241.2 亿元，2004 年、2009 年支出增长较快，增加率分别为 136.9%、166.5%。2006—2010 年支出增长较快，年均支出是上一时期的 4 倍。分地区看，支出从以东部地区为主向东部、中部、西部地区支出均衡转变，2003—2009 年支出以东部地区为主，占比在 47.4%～70.4%；2009 年以后，东部、中部、西部地区支出较为均衡。

（12）重点生态保护修复专项。2016—2019 年，中央财政共拨付重点生态保护修复专项资金分别为 80 亿元、80 亿元、170 亿元、30 亿元，累计支出 360 亿元。分地区看，支出以西部地区为主，占比在 44.1%～50%。

第 6 章
国际生态保护支出对比

6.1 欧盟

根据欧盟环境保护支出账户（EPEA）数据库[44]中的分经济特征国家环境保护支出表，2009—2016 年欧盟 28 国在生物多样性和景观保护支出①在 16.2 亿～40.5 亿美元，整体呈增加趋势，年均增长率约为 14%，2016 年支出约是 2009 年的 2.5 倍（图 6-1）。

图 6-1　2009—2016 年欧盟生物多样性和景观保护支出总量及其变化

---

① 欧盟统计局未对欧盟 28 国生物多样性和景观保护总支出进行估计，且部分国家无相关数据。本章对欧盟各国在生物多样性和景观保护方面的支出进行了加和，以此估计欧盟当年生物多样性和景观保护总支出，结果可能低估。

该数据库中有生物多样性和景观保护方面支出统计的国家主要有比利时、保加利亚、爱沙尼亚、爱尔兰、法国、拉脱维亚、立陶宛、匈牙利、马耳他、荷兰、奥地利、波兰、葡萄牙、罗马尼亚、斯洛文尼亚、斯洛伐克。其中，法国、荷兰、奥地利、波兰等国家的支出相对较高，以2016年为例，分别为12.0亿美元、9.6亿美元、5.3亿美元、3.0亿美元，分别占当年欧盟生物多样性和景观保护总支出的32.6%、26.0%、14.4%、8.1%。

2009—2016年，欧盟28国人均生物多样性和景观保护支出在3.2~7.9美元/人（图6-2），也呈逐年增加趋势，年均增长率约为13.7%。生物多样性和景观保护支出占环境保护总支出的比例在0.6%～1.3%，且逐年增加（图6-3），2009—2012年在0.6%～0.7%，2013年突破1.0%，2016年提高至1.3%。生物多样性和景观保护支出占GDP的比例在0.01%～0.02%，其中2009—2012年稳定在0.01%，从2013年开始增加到0.02%。

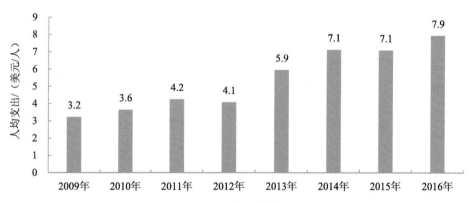

图6-2　2009—2016年欧盟人均生物多样性和景观保护支出变化情况

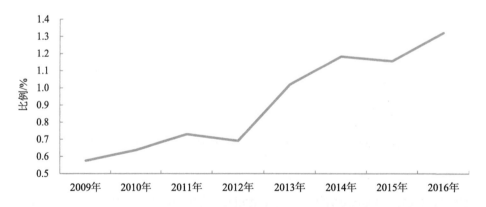

图6-3　2009—2016年欧盟生物多样性和景观保护支出占环境保护支出的比例变化

表 6-1　欧盟国家生物多样性和景观保护支出数据

年份	总支出/亿美元	人均支出/（美元/人）	占环境保护支出的比例/%	占 GDP 的比例/%
2009	16.2	3.2	0.6	0.01
2010	18.4	3.6	0.6	0.01
2011	21.4	4.2	0.7	0.01
2012	20.6	4.1	0.7	0.01
2013	30.1	5.9	1.0	0.02
2014	36.1	7.1	1.2	0.02
2015	36.1	7.1	1.2	0.02
2016	40.5	7.9	1.3	0.02

6.2　加拿大

（1）整体支出情况

根据加拿大统计局环境保护支出数据，2008—2016 年[①]加拿大生物多样性和景观保护总支出在 13.3 亿～16.1 亿美元（图 6-4），总体相对稳定。从支出主体来看，加拿大生物多样性和景观保护支出主要以政府为主，2008—2016 年支出占比均在 85% 以上，2016 年政府支出占比高达 92.4%，企业支出占比仅为 7.6%。

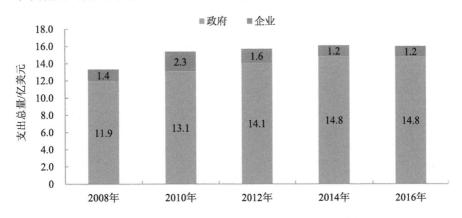

图 6-4　2008—2016 年加拿大分政府和企业生物多样性和景观保护支出变化情况

---

① 加拿大企业环境保护支出调查每两年开展一次，因此文中加拿大生物多样性和景观保护总支出也是每两年一次。

2008—2016 年，加拿大人均生物多样性和景观保护支出在 40.1～45.4 美元/人（图 6-5），总体较为稳定，2016 年比 2008 年增加了约 4.2 美元/人。

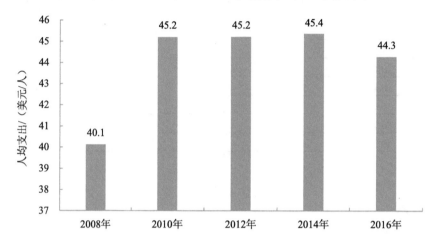

图 6-5　2008—2016 年加拿大人均生物多样性和景观保护支出变化情况

2008—2016 年，加拿大生物多样性和景观保护支出占环境保护支出的比例在 7.0%～7.6%，其中 2016 年占比最高，达到 7.6%。生物多样性和景观保护支出占 GDP 的比例较低，2008—2016 年稳定在 0.08%～0.09%，2016 年为 0.08%。

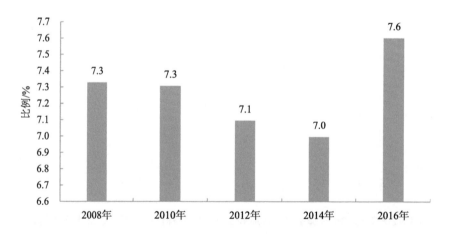

图 6-6　2008—2016 年加拿大生物多样性和景观保护支出占环境保护支出的比例变化

表 6-2　加拿大生物多样性和景观保护支出数据

年份	总支出/亿美元	政府/亿美元	企业/亿美元	人均支出/（美元/人）	占环境保护支出的比例/%	占 GDP 的比例/%
2008	13.3	11.9	1.4	40.1	7.3	0.08
2010	15.4	13.1	2.3	45.2	7.3	0.09
2012	15.7	14.1	1.6	45.2	7.1	0.09
2014	16.1	14.8	1.2	45.4	7	0.08
2016	16	14.8	1.2	44.3	7.6	0.08

（2）政府支出

根据加拿大统计局政府环境保护支出情况（2008—2016 年）报告，加拿大政府环境保护支出主要以废物管理、废水管理、减少污染等为主，以 2016 年为例，占环境保护总支出的比例分别为 29.9%、27.9%、19.9%，三者合计比例达 77.7%。生物多样性和景观保护支出相对较低，2008—2016 年支出在 11.9 亿～14.8 亿美元，总体较为稳定且略有增加；支出占环境保护总支出的比例在 11.4%～13.3%波动。

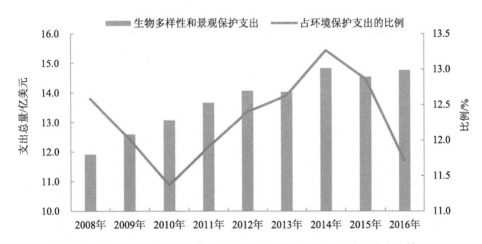

图 6-7　2008—2016 年加拿大政府生物多样性和景观保护支出变化情况

（3）企业支出

根据加拿大统计局分活动类型企业环境保护资本性和运营性支出数据表，企业环境保护支出以废物管理与污水处理服务、污染减排和控制、污染预防等为主，以 2016

年为例三者占比达 72.3%。2006—2016 年，企业在野生动物与栖息地保护（Wildlife and habitat protection）方面的总支出在 1.2 亿～2.6 亿美元，并呈波动减少趋势，占其环境保护总支出的比例在 1.1%～3.0%（图 6-8）。

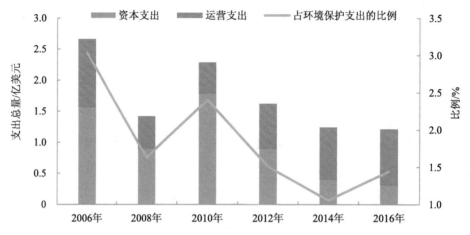

图 6-8　2006—2016 年加拿大企业野生动物与栖息地保护支出变化情况

从支出性质来看，2006—2012 年主要以资本性支出为主，占比在 55.7%～78.1%，运营性支出相对较低，占比在 21.9%～44.3%；2014 年、2016 年主要以运营性支出为主，占比分别提高至 67.4%、74.5%（图 6-9）。

图 6-9　2006—2016 年加拿大企业野生动物与栖息地保护资本和运营支出占比及其变化情况

表 6-3 2006—2016 年加拿大企业野生动物与栖息地保护资本和运营支出情况

年份	总支出/ 亿美元	资本支出/ 亿美元	运营支出/ 亿美元	资本支出 占比/%	运营支出 占比/%	占环境保护 支出的比例/%
2006	2.7	1.6	1.1	58.9	41.1	3
2008	1.4	0.9	0.5	63.5	36.5	1.6
2010	2.3	1.8	0.5	78.1	21.9	2.4
2012	1.6	0.9	0.7	55.7	44.3	1.5
2014	1.2	0.4	0.8	32.6	67.4	1.1
2016	1.2	0.3	0.9	25.5	74.5	1.4

6.3 英国

根据英国 2019 年环境账户中一般政府环境保护支出数据表，1995—2017 年，英国一般政府生物多样性和景观保护支出总量总体上呈逐年增加趋势，其中 1995—1998 年支出总量均在 1.2 亿美元左右，1999 年之后支出总量快速增长，2007 年达到最高点，为 7.48 亿美元，2008 年以后基本维持在 5.2 亿～6.9 亿美元的水平。近 20 多年来生物多样性和景观保护支出年平均增长率在 8.2% 左右（图 6-10）。

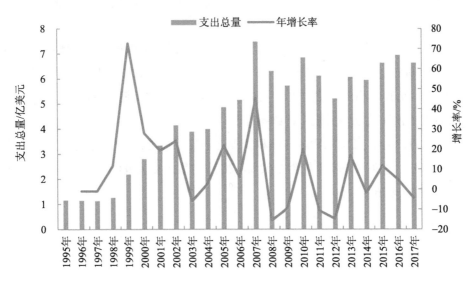

图 6-10 1995—2017 年英国一般政府生物多样性和景观保护支出变化情况

1995—2017 年，英国人均生物多样性和景观保护支出也呈逐年增加趋势。其中，1995—1998 年人均支出稳定在 2.0～2.2 美元/人，1999 年后人均支出迅速增长，2007 年达到最大，为 12.2 美元/人，2008—2017 年则相对稳定，在 8.2～10.9 美元/人（图 6-11）。

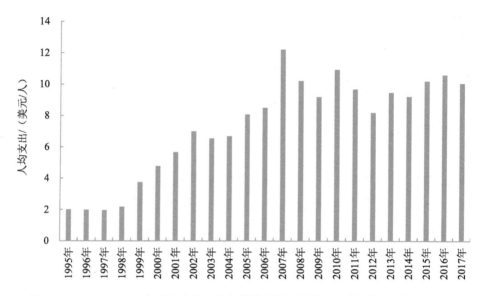

图 6-11　1995—2017 年英国人均生物多样性和景观保护支出变化情况（仅政府）

1995—2017 年，英国生物多样性和景观保护支出占环境保护支出的比例相对较低，在 2.3%～4.5%波动。其中，1995—1998 年稳定在 2.3%～2.4%，1999 年后占比逐年上升，2002 年、2007 年分别达到 4.4%、4.5%的较高比例水平，期间占比仍有较大波动；2008 年后支出占比波动相对较小，维持在 3.1%～4.0%（图 6-12）。

1995—2017 年，英国生物多样性和景观保护支出占 GDP 的比例也较低，1998 年前约为 0.01%，1999—2001 年约为 0.02%，2002 年后大多为 0.03%，仅 2007 年、2010 年达到 0.04%（表 6-4）。

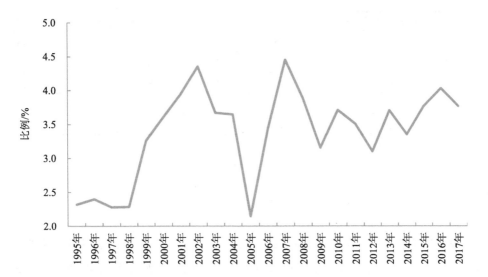

图 6-12　1995—2017 年英国一般政府生物多样性和景观保护支出占环境保护支出比例变化

表 6-4　英国一般政府生物多样性和景观保护支出情况

年份	总支出/亿美元	人均支出/（美元/人）	占环境保护支出的比例/%	占 GDP 的比例/%
1995	1.16	2.0	2.3	0.01
1996	1.15	2.0	2.4	0.01
1997	1.14	2.0	2.3	0.01
1998	1.27	2.2	2.3	0.01
1999	2.20	3.7	3.3	0.02
2000	2.81	4.8	3.6	0.02
2001	3.35	5.7	3.9	0.02
2002	4.15	7.0	4.4	0.03
2003	3.90	6.5	3.7	0.03
2004	4.01	6.7	3.6	0.03
2005	4.87	8.1	2.1	0.03
2006	5.16	8.5	3.4	0.03
2007	7.48	12.2	4.5	0.04
2008	6.31	10.2	3.9	0.03
2009	5.72	9.2	3.2	0.03
2010	6.85	10.9	3.7	0.04
2011	6.12	9.7	3.5	0.03
2012	5.21	8.2	3.1	0.03

年份	总支出/亿美元	人均支出/（美元/人）	占环境保护支出的比例/%	占 GDP 的比例/%
2013	6.07	9.5	3.7	0.03
2014	5.95	9.2	3.4	0.03
2015	6.63	10.2	3.8	0.03
2016	6.9	10.6	4.0	0.03
2017	6.63	10.0	3.8	0.03

6.4 德国

根据德国联邦统计局环境保护支出数据[17]，2010—2016 年，德国生物多样性和景观保护支出在 11.5 亿～16.9 亿美元（图 6-13），且呈逐年增加趋势，年均增长率约 6.6%。人均生物多样性和景观保护支出在 14.1～20.5 美元/人（图 6-14），也呈逐年增加趋势，年均增长率约 6.4%。生物多样性和景观保护支出占环境保护支出的比例稳定在 2.0%～2.3%，略有增加（图 6-15）。生物多样性和景观保护支出占 GDP 的比例相对较低，在 0.04%～0.05%（表 6-5）。

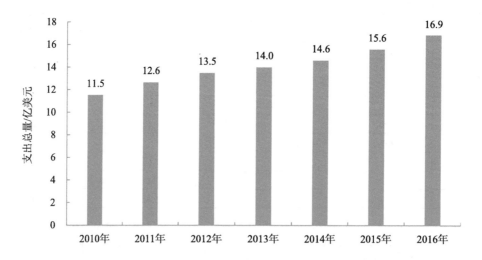

图 6-13 2010—2016 年德国生物多样性和景观保护支出变化情况

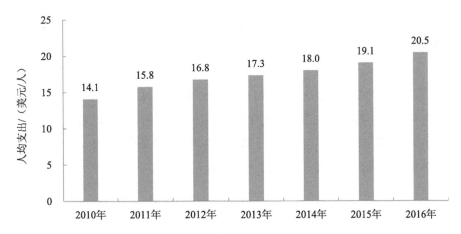

图 6-14　2010—2016 年德国人均生物多样性和景观保护支出变化情况

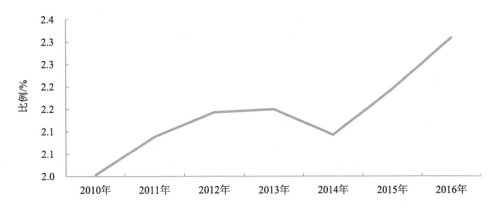

图 6-15　2010—2016 年德国生物多样性和景观保护支出占环境保护支出比例变化

表 6-5　2010—2016 年德国生物多样性和景观保护支出情况

年份	总支出/亿美元	人均支出/（美元/人）	占环境保护支出的比例/%	占 GDP 的比例/%
2010	11.5	14.1	2.0	0.04
2011	12.6	15.8	2.1	0.04
2012	13.5	16.8	2.1	0.04
2013	14.0	17.3	2.1	0.04
2014	14.6	18.0	2.1	0.04
2015	15.6	19.1	2.2	0.05
2016	16.9	20.5	2.3	0.05

6.5 日本

根据 2017 年日本国家账户（National accounts）中一般政府最终消费支出数据表[27]，2005—2017 年日本一般政府生物多样性和景观保护支出相对较为稳定，多年平均支出 7.4 亿美元，近十多年围绕平均值呈上下波动，2007 年和 2009 年支出最低，为 6.2 亿美元，2017 年支出最高，为 8.3 亿美元（图 6-16）。

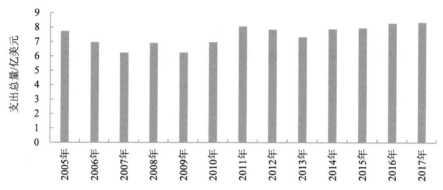

图 6-16　2005—2017 年日本一般政府生物多样性和景观保护支出变化情况

2005—2017 年，人均生物多样性和景观保护支出在 4.9～6.6 美元/人，总体相对稳定、略有波动，多年平均人均支出为 5.8 美元/人，2007 年和 2009 年人均支出最低，为 4.9 美元/人，2017 年人均支出最高，为 6.6 美元/人（图 6-17）。

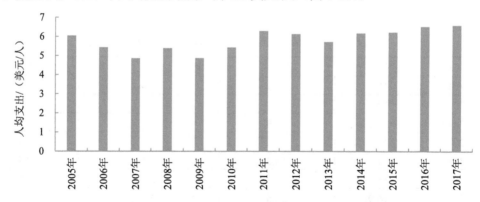

图 6-17　2005—2017 年日本人均生物多样性和景观保护支出变化情况（仅政府）

2005—2017 年，一般政府生物多样性和景观保护支出占环境保护支出的比例总体呈先增加后减少的趋势，2005—2009 年支出占比在 2.0%～2.3%，2010 年后迅速增长，2011—2012 年达到最高 2.8% 的水平，随后支出占比略有下降，但基本维持在 2.6% 的水平（图 6-18）。一般政府生物多样性和景观保护支出占 GDP 的比例相对较低，在 0.01%～0.02%，2006—2010 年为 0.01%，2011—2017 年提高到 0.02%（表 6-6）。

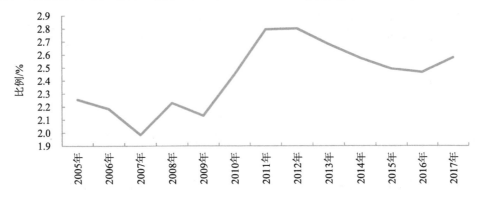

图 6-18　2005—2017 年日本生物多样性和景观保护支出占环境保护支出的比例变化

表 6-6　2005—2017 年日本一般政府生物多样性和景观保护支出情况

年份	总支出/亿美元	人均支出/（美元/人）	占环境保护支出的比例/%	占 GDP 的比例/%
2005	7.7	6.0	2.3	0.02
2006	6.9	5.4	2.2	0.01
2007	6.2	4.9	2.0	0.01
2008	6.9	5.4	2.2	0.01
2009	6.2	4.9	2.1	0.01
2010	7.0	5.4	2.5	0.01
2011	8.0	6.3	2.8	0.02
2012	7.8	6.1	2.8	0.02
2013	7.3	5.7	2.7	0.02
2014	7.8	6.2	2.6	0.02
2015	7.9	6.2	2.5	0.02
2016	8.3	6.5	2.5	0.02
2017	8.3	6.6	2.6	0.02

6.6 澳大利亚

澳大利亚最新的环境保护与资源管理支出账户未对生物多样性和景观保护支出进行单列，因此这里仅对1995—1996财年、1996—1997财年的生物多样性和景观保护支出进行分析。1995—1996财年、1996—1997财年，澳大利亚生物多样性和景观保护支出分别为15.5亿美元、15.1亿美元，占当年环境保护支出的比例分别为18.5%、17.5%，占GDP的比例约在0.4%。人均生物多样性和景观保护支出约为82.2美元/人。

6.7 国际对比

结合国际、国内支出数据情况，重点对比分析1996—1997年[①]和2016年两个时期的支出情况，对比指标包括总支出、人均支出、支出占GDP比例。其中，1996—1997年主要与英国、澳大利亚进行对比；2016年主要与加拿大、英国、德国、日本进行对比。

由于目前国内外关于生态保护修复支出的统计口径不一致，国外主要核算指标为生物多样性和景观保护，而我国生态保护修复支出账户的核算指标涉及领域较为宏观、广泛，为使对比结果更加科学、客观，这里采用两种对比方案，第一种方案采用我国生态保护修复支出账户全口径进行国际比较，第二种方案采用支出账户中最接近生物多样性和景观保护的自然保护地支出进行国际比较。

（1）方案一：全口径比较

1996—1997年，我国生态保护修复支出约为7.1亿美元，支出远高于英国，不到澳大利亚的一半；人均支出最低，为英国的29%，仅为澳大利亚的0.7%；支出占GDP的比例是英国的8倍，但低于澳大利亚（表6-7）。

表6-7 1996—1997年生态保护修复支出国际对比（全口径）

国家	总支出/亿美元	人均支出/（美元/人）	占GDP比例/%
澳大利亚	15.1	82.2	0.36
英国	1.2	2.0	0.01
中国	7.1	0.6	0.08

---

① 澳大利亚支出数据为1996—1997财年，因此这里按1996—1997年平均值进行同期对比。

2016 年，我国生态保护修复支出约为 1 258.0 亿美元，人均支出约为 91.2 美元/人，支出占 GDP 的比例为 1.12%。与主要发达国家同期对比表明，支出总量、人均支出、支出占 GDP 的比例均高于加拿大、英国、德国、日本等国家。其中，支出总量约是加拿大的 79 倍、英国的 181 倍、德国的 75 倍、日本的 152 倍；人均支出约是加拿大的 2 倍、英国的 8.6 倍、德国的 4.5 倍、日本的 14 倍；支出占 GDP 的比例约是加拿大的 14 倍、英国的 38 倍、德国的 23 倍、日本的 69 倍（表 6-8）。

表 6-8　2016 年生态保护修复支出国际对比（全口径）

国家	总支出/亿美元	人均支出/（美元/人）	占 GDP 比例/%
中国	1 258.0	91.3	1.12
加拿大	16.0	44.3	0.08
英国	6.9	10.6	0.03
德国	16.9	20.5	0.05
日本	8.3	6.5	0.02

（2）方案二：与自然保护地支出比较

1996—1997 年，我国自然保护地支出约为 0.12 亿美元，人均支出约为 0.01 美元/人，占 GDP 的比例约为 0.001%，均低于英国和澳大利亚（表 6-9）。

表 6-9　1996—1997 年自然保护地支出国际对比

国家	总支出/亿美元	人均支出/（美元/人）	占 GDP 比例/%
澳大利亚	15.1	82.2	0.36
英国	1.2	2.0	0.01
中国	0.12	0.01	0.001

2016 年，我国自然保护地支出约为 13.9 亿美元，人均支出约为 1.0 美元/人，支出占 GDP 的比例约为 0.01%。与主要发达国家同期对比，支出总量高于英国、日本，低于加拿大、德国；人均支出和支出占 GDP 的比例最低（表 6-10）。

表 6-10　2016 年自然保护地支出国际对比

国家	总支出/亿美元	人均支出/（美元/人）	占 GDP 比例/%
中国	13.9	1.0	0.01
加拿大	16.0	44.3	0.08
英国	6.9	10.6	0.03
德国	16.9	20.5	0.05
日本	8.3	6.5	0.02

通过上述两个方案的国际对比结果表明：①从宏观角度来看，当前我国生态保护修复支出的领域和类型更加丰富、支出总量也远高于主要发达国家；②从核算口径一致性来看，采用我国自然保护地支出进行国际对比相对合理，也更接近国际上的生物多样性和景观保护支出口径，我国自然保护地领域的支出总量已与主要发达国家水平相当，但人均支出和支出占 GDP 的比例还相对较低。

第 7 章
讨论、结论与建议

7.1　问题讨论

本书构建的生态保护修复支出账户基本涵盖了生态保护修复各个领域，所用数据均来自财政、林草、水利、自然资源、生态环境、农业农村、住建等各部门公开统计数据或资料，核算结果较为科学、可靠，能够为未来国家层面制定生态保护修复支出相关政策提供决策依据。但受过去我国生态保护修复分散管理体制的制约，目前的核算工作仍面临一些困境。具体如下。

一是从核算工作本身来看，当前国家尚未建立生态保护修复支出的统一核算体系，现有统计数据分散、口径偏窄、存在交叉重叠。①目前，国家尚未建立生态保护修复支出的统一核算体系，国家统计局发布的《中国统计年鉴》中涉及生态保护修复支出的仅有林业投资数据。受以往生态保护修复分要素、分部门管理的体制机制制约，涉及生态保护修复的支出数据通常分散在财政、林草、水利、自然资源、住建等多个部门，不同来源的数据统计口径不同，如目前核算过程中采用部分财政决算数据进行补充，也可能与部门统计数据存在一定的重叠，难以有效整合，核算结果难免存在偏差。②与国际生物多样性和景观保护支出相比，国内现有数据的统计口径偏窄，仍是"投资"的概念，即固定资产投资，普遍缺少生态保护修复各个领域的经常性支出统计。③当前生态保护修复支出的类型较多，重点生态功能区、自然保护地等生态系统整体性保护修复的支出与森林、草地、湿地等单一生态系统保护修复支出也可能存在一定交叉重叠。

二是当前生态保护修复支出远低于保护修复需求，且没有较好体现"负担者"原则。①尽管近 70 年来支出总量已持续增长，但 2017 年我国生态保护修复的支出总量（9 571.5 亿元）仍远低于当年的生态破坏损失（28 879.1 亿元）[46]，表明现有支出仍远远低于保护修复的需求。②我国生态保护修复支出仍以"保护者"原则进行，即仍以政府支出为主，企业支出占比仅 42.1%，远低于企业的环境保护投资占比（99%）。从目前的统计数据来看，仅企业生产建设项目水土保持方案投资在一定程度上体现了"谁破坏、谁修复"的原则。此外，近年来国家通过 PPP 项目一定程度上促进了市场主体参与生态保护修复，但按"负担者"原则，最终的生态产品与服务仍由政府"买单"。

三是当前生态保护修复支出仍缺乏长效保障机制。虽然核算过程面临统计体系不完善、数据分散等困难，基于现有数据开展的支出账户核算仍可以客观反映国家在生态保护修复领域的投入力度持续加大。但与经济社会发展代表性指标 GDP 进行对比发现，生态保护修复支出并未与 GDP 同步增长，生态保护修复支出增长通常与新的生态保护修复政策出台密切相关，支出增速明显高于 GDP 增速的时期通常为有新增资金出现的时期。例如，1999 年新增水土保持及生态支出，2003 年新增矿山环境恢复治理资金，2008 年新增重点生态功能区转移支付资金，2011 年新增草原生态保护奖励补助资金，2016 年新增重点生态保护修复专项资金。这表明当前的生态保护修复支出仍受国家政策影响较大，并未按照当前的经济发展水平进行科学合理的财政预算分配，支出仍缺乏长效投入保障机制。此外，在国家投入大量资金进行生态保护修复支出后，尚未建立统一的生态保护修复成效评估考核机制，易出现资金使用效率低、成效不明显的问题。

7.2 主要结论

（1）账户框架

结合国际经验和国内进展，构建并优化了全国生态保护修复支出账户。按生态保护修复的方向和侧重，分为单一生态系统保护修复和生态系统整体性保护修复两大类；其中单一生态系统保护修复主要包括森林、草地、湿地、农田、城镇、荒漠、海洋七类；生态系统整体性保护修复主要包括重点生态功能区、自然保护地、水土保持及生态、矿山环境恢复治理、重点生态保护修复专项五类。支出主体可分为政府、企业、公众、国外部门。

（2）全国支出变化特征

中华人民共和国成立以来，我国生态保护修复支出总量不断增长，2017 年支出总量为 9 571.5 亿元，是 1953 年的近 28 万倍，累计支出 70 666.0 亿元。1996—2000 年、2001—2005 年 2 个时期累计支出增加较快，分别是上一时期的 6 倍、5 倍左右。支出类型不断丰富，由最初的森林、自然保护地两类支出增加到 2017 年的十二类支出，且受国家政策驱动明显。支出地区差异明显，1987—2017 年国家对西部地区、东部地区扶持力度较大，其次是中部地区，东北地区最低。支出主体仍以政府为主，2017 年政府支出占比约为 56.8%，企业支出占比约为 42.1%，低于环保投资的企业支出比例（99%）。

（3）分地区支出变化特征

1987—2017 年，各地区生态保护修复支出总量、类型结构、支出与经济发展关联分析等变化趋势总体较为一致。1996—2000 年、2001—2005 年、2006—2010 年 3 个时期均是累计支出快速增长期，不同时期支出结构均经历了从森林支出为主到森林和城镇两类支出为主，再到森林、城镇、水土保持及生态三类支出为主的转变过程，各地区支出占 GDP 比重均经历两次快速增长期，有一半左右时间支出增速大于 GDP 增速，支出受政策驱动明显。各地区内各省支出差异明显，东北地区、中部地区各省支出更加均衡，西部地区、东部地区各省支出差异性较大。

（4）分类型支出变化特征

中华人民共和国成立以来，各类型支出总体上均呈增加趋势，且森林、自然保护地支出增长较快。分地区看，目前森林、湿地、农田、荒漠、重点生态功能区、自然保护地、重点生态保护修复专项等类型支出主要以西部地区为主；城镇、海洋等类型支出以东部地区为主；矿山环境恢复治理支出东部地区、中部地区、西部地区占比相对均衡；水土保持支出则以东部地区、西部地区并重。

（5）支出国际对比

①从宏观角度看，当前我国生态保护修复支出的领域和类型更加丰富、支出总量也远高于主要发达国家。②从核算口径一致性看，我国自然保护地支出更接近国际上的生物多样性和景观保护支出口径，对比表明，我国自然保护地的支出总量已与主要发达国家水平相当，但人均支出和支出占 GDP 的比例还相对较低。

7.3　有关建议

针对以上问题，提出以下建议。

一是建立统一的生态环境保护支出核算体系。建议在原有的环境保护投资统计中增加生态保护修复支出，建立包括环境污染治理支出、生态保护修复支出在内的生态环境保护支出统一核算体系，明确支出主体、支出类型、支出性质等，统一开展数据收集整理、调查统计、核算发布等，实现业务化核算，为科学谋划生态环境保护的支出规模和方向提供依据。探索建立自上而下和自下而上相结合的核算机制，国家层面应逐步整合完善财政预算中有关生态保护修复的预算科目类型、款项；地方层面应加强各级地方政府生态保护修复支出的资金管理与统计核算。

二是建立健全生态保护修复支出长效保障机制。在统筹谋划"十四五"生态保护规划的同时，由生态环境部会同自然资源部共同研究提出未来国家生态保护修复支出的规划目标，并建议财政部整合优化生态保护修复支出科目预算，并综合考虑当年国家 GDP、财政收入等情况，不断加大国家财政支出力度，结合支出账户核算结果合理分配和优化生态保护修复各领域支出比例。

三是探索建立生态保护修复支出绩效管理机制。为落实生态环境部"指导协调和监督生态保护修复工作"的职责，建议建立生态保护修复支出绩效管理机制，定期开展全国生态保护修复的成本效益分析。近期应以支撑打好污染防治攻坚战为主线，重点评估我国生态系统质量和生态稳定性是否提升，生态安全屏障是否建成。建议由生态环境部会同财政部、自然资源部研究制订生态保护修复支出成效评估标准和技术方法，评估各地生态保护修复资金使用成效，提出优化支出的建议，提高资金使用效益，为未来优化国家在生态保护修复领域的支出分配方案提供参考。

四是加强生产建设项目的生态保护监管。当前我国仅在生产建设项目水土保持方案投资方面监管标准较为完善，而针对其他各类生产建设项目导致的生态破坏，普遍缺少较为统一完善的保护修复政策标准。建议生态环境部会同自然资源部、水利部、农业农村部等相关部门，加快制订各类生产建设项目生态保护修复相关标准规范，明确生产建设项目生态保护修复成效考核验收办法，并组织开展生态保护修复方案考核验收，提高"谁破坏、谁修复"原则的监管力度与标准，探索建立企业、公众等非政府部门生态保护修复付费机制。

附 表

附表1　1987—2017年各省（区、市）分类型生态保护修复累计支出　　　　单位：亿元

省份	森林	湿地	农田	城镇	荒漠	海洋	重要（点）生态功能区	自然保护地	水土保持及生态	矿山环境恢复治理	重点生态保护修复专项	合计
北京	1 186.4	7.3	0.2	1 270.9	4.2	0	7.2	22.9	500.5	13.0	0	3 012.7
天津	126.5	0.7	0.3	470.1	0	0	2.1	2.6	18.5	4.5	0	625.4
河北	632.3	3.9	9.8	1 406.4	0.1	2.9	149.9	30.1	429.9	87.1	20.0	2 772.3
山西	910.1	5.3	3.8	512.2	7.2	0	56.6	15.6	245.5	58.1	0	1 807.1
内蒙古	1 101.3	11.2	107.1	1 491.2	5.8	0	219.3	10.3	842.8	121.1	0	3 904.3
辽宁	662.7	3.2	7.8	702.0	0.1	5.5	23.0	11.2	216.9	63.1	0	1 695.4
吉林	453.2	3.9	10.2	196.9	0.4	0	72.1	9.4	304.1	22.0	10.0	1 081.7
黑龙江	904.0	6.1	18.7	277.0	0	0	209.6	31.4	127.7	25.9	0	1 600.4
上海	148.5	10.1	0.3	576.2	0	0	1.0	4.1	80.6	0.7	0	821.4
江苏	884.6	69.6	3.2	3 145.7	0.1	0	3.1	15.5	452.0	71.7	0	4 645.4
浙江	399.8	5.2	0.6	1 432.4	0.2	5.9	9.6	23.1	923.0	46.2	0	2 846.0
安徽	484.0	8.0	3.3	1 589.0	0	0	105.1	28.2	269.9	49.4	0	2 536.8
福建	547.4	1.7	0.7	690.1	0	6.3	61.9	36.4	787.1	30.1	10.0	2 171.7
江西	444.9	4.9	0.9	1 113.6	0	0	94.9	44.2	487.1	27.6	20.0	2 238.1
山东	1 041.8	48.6	5.0	2 534.2	0.2	6.7	28.9	31.5	491.8	113.8	10.0	4 312.2
河南	609.4	3.5	2.5	884.3	0	0	109.0	48.1	401.4	47.6	0	2 105.7
湖北	465.5	10.5	1.1	772.9	2.4	0	204.9	15.7	768.3	58.5	0	2 297.5
湖南	704.7	23.5	16.0	600.4	2.1	0	217.2	22.9	1 270.2	77.7	0	2 932.7
广东	448.9	4.5	1.0	455.5	0.4	1.5	58.1	31.4	1 080.6	46.9	0	2 128.4
广西	1 387.8	29.9	0.7	721.7	0.7	0	128.6	30.4	539.7	17.1	10.0	2 866.0
海南	92.2	1.8	0.3	100.1	0	3.7	85.8	5.3	152.8	5.2	0	447.3
重庆	511.1	3.1	0.5	943.7	0.3	0	144.3	12.8	575.7	9.0	0	2 200.3
四川	1 039.3	18.5	24.9	846.4	10.2	0	184.5	76.3	595.5	24.0	10.0	2 819.4
贵州	422.1	1.5	0.6	325.8	0	0	271.9	18.0	937.4	55.9	0	2 033.2
云南	619.6	11.2	18.5	303.5	1.3	0	165.3	31.4	1 110.6	51.0	10.0	2 321.1
西藏	153.3	5.6	66.1	46.4	7.5	0	83.5	12.4	58.5	1.7	0	427.5
陕西	632.7	7.2	4.6	757.3	2.5	0	213.4	38.7	372.7	25.6	20.0	2 072.1
甘肃	474.5	4.7	28.5	226.8	2.2	0	298.2	35.4	296.1	18.8	20.0	1 403.1
青海	182.2	4.7	54.7	46.5	1.0	0	162.9	11.8	169.9	19.3	20.0	672.1
宁夏	141.9	4.1	5.4	133.3	0.7	0	95.3	4.3	120.4	30.2	0	534.9
新疆	543.8	3.9	58.5	403.6	5.1	0	224.6	27.2	148.5	18.6	0	1 428.7

注：此数据未包括中国台湾、中国香港和中国澳门地区。

附表2　2017年各省（区、市）分类型生态保护修复支出　　　　单位：亿元

省份	森林	湿地	农田	城镇	荒漠	海洋	重要（点）生态功能区	自然保护地	水土保持及生态	矿山环境恢复治理	重点生态保护修复专项	合计
北京	192.3	0.7	0.1	227.5	1.9	0	2.3	0.7	93.1	0.6	0	519.3
天津	42.5	0.1	0.1	37.9	0	0	0.7	0.0	4.9	0.2	0	86.3
河北	102.3	1.3	4.1	99.9	0	1.2	30.2	5.5	81.2	8.1	0	333.8
山西	102.5	0.8	1.5	35.5	5.6	0	8.3	0.5	28.7	12.9	0	196.1
内蒙古	144.1	1.1	53.2	172.6	4.1	0	32.6	0.8	123.7	12.6	0	544.6
辽宁	34.7	0.4	3.9	13.2	0.01	4.0	4.8	0.3	18.2	1.0	0	80.6
吉林	69.9	0.6	6.7	24.8	0.3	0	10.5	1.0	60.3	1.4	10.0	185.5
黑龙江	130.8	0.7	11.8	12.1	0.01	0	27.4	0.6	15.6	0.3	0	199.3
上海	12.4	1.1	0.2	36.7	0	0	0.2	0.4	30.0	0.0	0	81.1
江苏	57.8	5.5	2.2	219.8	0	0	0.7	0.8	134.1	5.6	0	426.3
浙江	65.3	0.7	0.4	187.2	0.001	4.4	3.2	3.1	134.9	7.4	0	406.5
安徽	65.6	2.3	2.2	199.9	0	0	17.1	2.5	38.0	6.3	0	333.8
福建	34.4	0.3	0.4	79.0	0	2.8	17.9	4.7	169.8	5.0	10.0	324.4
江西	85.0	1.3	0.6	131.0	0.01	0	18.5	11.2	63.0	2.9	0	313.3
山东	115.9	3.4	3.1	213.0	0.1	5.2	8.1	2.1	93.3	7.2	10.0	461.4
河南	79.1	1.1	1.0	199.9	0	0	19.6	19.9	106.1	6.6	0	433.2
湖北	72.9	3.4	0.7	128.3	0.3	0	30.5	2.4	92.3	6.4	0	337.2
湖南	114.2	4.3	0.6	82.3	0.6	0	41.0	2.1	147.3	3.8	0	396.3
广东	70.3	0.6	0.5	39.7	0.2	0	12.0	2.5	189.9	2.6	0	318.4
广西	172.8	10.9	0.4	75.7	0.1	0	22.1	5.8	56.5	1.4	10.0	355.7
海南	10.4	0.5	0.2	21.9	0	3.1	19.1	0.8	16.0	0.8	0	72.8
重庆	40.1	0.5	0.3	91.6	0.3	0	21.0	1.0	84.4	0.6	0	239.7
四川	104.3	8.5	12.9	127.3	3.0	0	29.2	5.2	88.8	1.4	10.0	390.5
贵州	79.9	0.6	0.3	68.7	0	0	46.4	0.6	140.7	6.3	0	343.5
云南	100.4	4.3	9.1	62.4	0.7	0	32.2	3.6	141.0	2.2	10.0	366.0
西藏	31.4	0.0	32.8	1.8	1.2	0	13.4	0.8	7.6	—	0	89.0
陕西	92.9	3.0	4.0	113.7	0.6	0	28.7	8.9	80.4	10.0	0	342.1
甘肃	79.3	1.1	14.0	12.7	0.8	0	51.7	1.6	50.6	2.1	0	214.0
青海	27.9	1.3	27.2	4.8	0	0	29.0	1.5	32.2	1.4	20.0	145.6
宁夏	19.3	0.7	2.9	21.0	0.5	0	15.5	0.5	23.5	19.5	0	103.4
新疆	88.1	0.7	29.0	57.6	1.4	0	33.1	4.1	32.1	3.3	0	249.5

注：此数据未包括中国台湾、中国香港和中国澳门地区。

参考文献

[1] 王金南，於方，蒋洪强，等. 建立中国绿色 GDP 核算体系：机遇、挑战与对策[J]. 环境经济，2005，5：56-60.

[2] 向书坚，黄志新. SEEA 和 NAMEA 的比较分析[J]. 统计研究，2005，10：18-22.

[3] 陈苗. 建立环境经济核算体系 推动可持续发展[J]. 经济界，2013，5：52-55.

[4] UN，EC，FAO，IMF，OECD，WB. System of Environmental-Economic Accounting 2012：Central Framework[M]. New York：United Nations Publications，2014.

[5] 邱琼. 首个环境经济核算体系的国际统计标准——《2012 年环境经济核算体系：中心框架》简介[J]. 中国统计，2014，7：60-61.

[6] 王金南，蒋洪强，曹东，等. 绿色国民经济核算[M]. 北京：中国环境科学出版社，2009.

[7] 於方，马国霞，彭菲，等. 中国环境经济核算研究报告 2015[R]. 重要环境决策参考，2017，13（14）.

[8] 王金南，於方，马国霞，等. 全国生态系统产总值（GEP）核算研究报告 2015[R]. 重要环境决策参考，2017，13（1）.

[9] 王金南，马国霞，於方，等. 2015 年全国经济—生态生产总值（GEEP）核算研究报告[R]. 重要环境决策参考，2018，14（1）.

[10] 王金南，於方，马国霞，等. 中国经济生态生产总值核算研究报告 2016[R]. 重要环境决策参考，2018，14（16）.

[11] European Commission. SERIEE—European System for the collection of economic information on the environment—1994 Version[EB/OL]. （2019-09-11）. http：//ec. europa. eu/eurostat/en/web/products-manuals-and-guidelines/-/KS-BE-02-002，2002-03-03.

[12] Statistics Canada. Concepts，Sources and Methods of the Canadian System of Environmental and Resource Accounts[R]. Catalogue no. 16-505-GIE，2006.

[13] Statistics Canada. Government spending on environmental protection in Canada，2008 to

2016[EB/OL]．（2019-09-11）．https：//www150. statcan. gc. ca/n1/pub/16-508-x/16-508-x2018002-eng. htm，2018-06-05.

[14] Statistics Canada. Table 38-10-0043-01 Capital and operating expenditures on environmental protection，by type of activity（x 1，00，00）[EB/OL]．（2019-09-11）. DOI：https：//doi. org/10. 25318/3810004301-eng，2019-05-09.

[15] 吴优. 德国的环境经济核算[J]. 中国统计，2005，6：46-47.

[16] Federal Statistical Office of Germany. Economy and Use of Environmental Resources，Tables on Environmental-Economic Accounting，Part 5：Land use，Environmental protection measures [EB/OL]. （2015-09-10）．https：//www.destatis.de/EN/Publications/Specialized/Environmental Economic Accounting/TablesEEA5850020147006Part_5. pdf？__blob=publicationFile，2015-01-01.

[17] Federal Statistical Office of Germany. Environmental protection measures [EB/OL].（2019-09-11）. https：//www.destatis.de/EN/Themes/Society-Environment/Environment/ Environmental-Protection-Measures/_node. html#sprg266776，2019-02-06.

[18] Office for National Statistics. UK Environmental Accounts，2019[EB/OL]．（2019-09-11）. https：// www.ons.gov.uk/economy/environmentalaccounts/bulletins/ukenvironmentalaccounts/2019，2019-06-05.

[19] Office for National statistics. Environmental protection expenditure：general government [EB/OL]. （2019-09-11）．https：//www.ons.gov.uk/economy/environmentalaccounts/datasets/ukenvironmental accountsenvironmentalprotectionexpenditurebygeneralgovernmentunitedkingdom，2019-05-02.

[20] Australian Bureau of Statistics. Environment Protection Expenditure，Australia 1995-1996 and 1996-1997 [EB/OL]．（2015-07-05）．http：//www. abs. gov. au/AUSSTATS/abs@. nsf/ Details Page/4603. 01995-96%20and%201996-97？OpenDocument，1999-07-02.

[21] Australian Bureau of Statistics. Environment Protection，Mining and Manufacturing Industries， Australia，2000-01[EB/OL]. https：//www. abs. gov. au/AUSSTATS/abs@. nsf/DetailsPage/4603. 02000-01？OpenDocument，2002-09-04.

[22] Australian Bureau of Statistics. Environment Expenditure，Local Government，Australia， 2002-03[EB/OL]. http：//www. abs. gov. au/AUSSTATS/abs@. nsf/DetailsPage/4611. 02002-03？ OpenDocument，2004-08-25.

[23] Australian Bureau of Statistics. Discussion paper：Towards an Environmental Expenditure Account， Australia[EB/OL]. https：//www.abs.gov.au/AUSSTATS/abs@.nsf/DetailsPage/4603.0.55.001 August%

202014？OpenDocument，2014-08-06.

[24] 饶胜，牟雪洁，黄琦. 我国生态保护修复支出账户框架构建研究[J]. 中国环境管理，2015（4）：76-84.

[25] 牟雪洁，张箫，饶胜，等. 我国生态保护修复支出账户核算[J]. 生态经济，2018，34（3）：53-56，67.

[26] 何军，饶胜，牟雪洁，等. 改革开放以来全国生态保护修复支出核算研究[R]. 重要环境决策参考，2019，15（12）：1-53.

[27] Cabinet Office. National accounts For 2017：General Government final consumption expenditure by function（Classification of the Functions of Government，COFOG）[EB/OL]. （2019-09-10）. https：//www. esri. cao. go. jp/en/sna/data/kakuhou/files/2017/2017annual_report_e. html，2019-04-05.

[28] 朱建华，逯元堂，吴舜泽. 中国与欧盟环境保护投资统计的比较研究[J]. 环境污染与防治，2013，35（3）：105-110.

[29] 周国梅，周军. 绿色国民经济核算国际经验[M]. 北京：中国环境科学出版社，2009.

[30] 平卫英. 加拿大环境保护支出账户的架构与内容[J]. 统计与决策，2012，11：8-10.

[31] Australian Bureau of Statistics. Completing the Picture-Environmental Accounting in Practice[EB/OL]. （2019-09-10）. https：//www. abs. gov. au/AUSSTATS/abs@. nsf/DetailsPage/4628. 0.55.001May%202012？OpenDocument，2012-05-10.

[32] Australian Bureau of Statistics. Information Paper：Towards the Australian Environmental-Economic Accounts，2013[EB/OL]. （2019-09-10）. https：//www. abs. gov. au/AUSSTATS/abs@. nsf/DetailsPage/4655. 0. 55. 0022013？OpenDocument，2013-03-27.

[33] Australian Bureau of Statistics. Australian Environmental-Economic Accounts，2014[EB/OL]. （2019-09-10）. https：//www. abs. gov. au/AUSSTATS/abs@. nsf/DetailsPage/4655. 02014？OpenDocument，2014-04-03.

[34] Australian Bureau of Statistics. Australian Environmental-Economic Accounts，2019[EB/OL]. （2019-09-10）. https：//www. abs. gov. au/AUSSTATS/abs@. nsf/DetailsPage/4655. 02019？OpenDocument，2019-07-26.

[35] Economic Planning Agency（EPA）. Secondary Trial Estimation of the Environmental Protection Expenditure Account and the Trial Estimation of the Waste Account in Japan[EB/OL]. （2019-09-10）. https：//www. esri. cao. go. jp/en/sna/satellite/2000/0620g-kankyou-e. html，2000-06.

[36] 环境保护部环境规划院. 全国生态环境保护与管理对策和建议专题报告[R]. 2014.

[37] 财政部. 2016 年全国一般公共预算支出决算表[EB/OL]. （2019-09-10）. http：//yss. mof. gov. cn/2016js/201707/t20170713_2648981. html，2017-07-13.

[38] 国家统计局. 中国统计年鉴 2018[M]. 北京：中国统计出版社，2018.

[39] 李静萍. 环保支出账户：理论框架与试点研究[J]. 统计研究，2013，30（5）：17-24.

[40] 于本瑞，侯景新，张道政. PPP 模式的国内外实践及启示[J]. 现代管理科学，2014，8：15-17.

[41] 蓝虹，刘朝晖. PPP 创新模式：PPP 环保产业基金[J]. 环境保护，2015，43（2）：38-43.

[42] European Commission. SERIEE: Environmental Protection Expenditure Accounts—Compilation Guide[EB/OL]. http：//ec. europa. eu/eurostat/en/web/products-manuals-and-guidelines/-/KS-BE- 02- 001，2002-03-04.

[43] 吴舜泽，逯元堂，朱建华，等. 中国环境保护投资研究[M]. 北京：中国环境出版社，2014.

[44] European statistics. Environmental protection expenditure accounts [EB/OL]. （2019-09-11）. https: // ec. europa. eu/eurostat/web/environment/environmental-protection，2019.

[45] 徐志刚，马瑞，于秀波，等. 成本效益、政策机制与生态恢复建设的可持续发展——整体视角下对我国生态保护建设工程及政策的评价[J]. 中国软科学，2010（2）：5-13，131.

[46] 於方，马国霞，彭菲，等. 中国经济生态生产总值核算研究报告 2017[R]. 重要环境决策参考，2019，15（2）：1-39.